Ein Beitrag zur Integration von Halbleiterleistungsverstärkern in Sendeantennen für Kommunikationssatelliten

Vom Promotionsausschuss der
Technischen Universität Hamburg
zur Erlangung des akademischen Grades
Doktor-Ingenieur (Dr.-Ing.)

genehmigte Dissertation

von

Christian Rave

aus

Henstedt-Ulzburg

2019

1. Gutachter:	Prof. Dr.-Ing. Arne F. Jacob
2. Gutachter:	Prof. Dr.-Ing. Thomas Zwick
Prüfungsvorsitz:	Prof. Dr.-Ing. habil. Dr. h.c. Stefan Heinrich

Tag der mündlichen Prüfung: 11. Juli 2019

Bibliografische Information der *Deutschen Nationalbibliothek*
Die Deutsche Nationalbibliothek verzeichnet diese Publikation in der Deutschen Nationalbibliografie; detaillierte bibliografische Daten sind im Internet über <https://dnb.de> abrufbar.

ISBN: 978-3-96729-005-9
Zugl.: Hamburg, Techn. Univ., Diss., 2019
Dissertation, Technische Universität Hamburg

 Choriner Str. 85 - 10119 Berlin
verlag@menschundbuch.de – www.menschundbuch.de

Vorwort

An dieser Stelle möchte ich mich bei all denen bedanken, ohne die diese Arbeit nicht möglich gewesen wäre. Allen voran ist das natürlich mein Doktorvater Prof. Dr.-Ing. Arne F. Jacob für die Möglichkeit an seinem Institut zu arbeiten und für sein Vertrauen in meine Arbeit. Prof. Dr.-Ing. Thomas Zwick möchte ich für das Zweitgutachten und Prof. Dr.-Ing. habil. Dr. h.c. Stefan Heinrich für die Übernahme des Prüfungsvorsitzes danken. Gerne denke ich an meine Zeit am Institut für Hochfrequenztechnik der TUHH und meine damaligen Kollegen zurück. Carmen Hajunga möchte ich für die unendliche Geduld und Unterstützung bei meinen unzähligen Leiterplattenaufbauten danken. Für die Hilfe bei allen mechanischen Aufbauten, Fragen der IT und Messtechnik sowie den administrativen Anteilen meiner Arbeit danke ich Anja-Maria Doobe-Joestingmeier, Jürgen Winkelmann und Dr.-Ing. Martin Jenett. Allen Studenten, die ich im Laufe der Zeit im Rahmen ihrer Abschlussarbeiten zu den unterschiedlichsten Themen betreuen durfte, möchte ich für die Zusammenarbeit danken. Ganz besonders Louise Springer, die mich darüber hinaus als studentische Hilfskraft unterstützt hatte. Mein Dank gilt allen ehemaligen Kollegen für das freundschaftliche Miteinander. Hier ganz besonders Benjamin Rohrdantz, Frauke Gellersen, Sascha Mayne und natürlich Thomas Jaschke. Zu guter Letzt möchte ich mich auch bei meinen Eltern und meinen Brüdern bedanken.

Hamburg, Juli 2019 — Christian Rave

Inhaltsverzeichnis

Einleitung 1

Der Zugang zu Wissen und Informationen ist ein prägendes Merkmal moderner Gesellschaften geworden. Tatsächlich wird unsere Zeit gelegentlich als *Informationszeitalter* und die vernetzte Gesellschaft als *Netzgesellschaft* bezeichnet [1]. Diese Entwicklung wurde durch den technologischen Fortschritt der letzten Jahrzehnte ermöglicht. Der wirtschaftliche Erfolg von Ländern wie Deutschland ist dabei von der Innovationskraft seiner Bevölkerung und Unternehmen abhängig [2]. Diese wiederum basiert auf dem Zugang zu Informationen — die beispielsweise für Recherchen zum Stand der Technik als Grundlage für neue Entwicklungen genutzt werden. 2015 verfügten über 88% der deutschen Haushalte und etwa 89% der Unternehmen über einen Internetzugang [3], [4]. Dagegen hatten zur gleichen Zeit 57% der Weltbevölkerung keinen regelmäßigen oder überhaupt keinen Zugang zum Internet [5]. Auch wenn sich diese Zahl bis Ende 2016 auf geschätzte 53% reduzierte, besitzt immer noch der größte Teil der Menschheit nur einen eingeschränkten Informationszugang [6]. Hier zeigen sich besonders große Unterschiede zwischen Industrie- und Entwicklungsländern [7]. Dabei bieten Informationsquellen im Internet gerade Menschen in den ärmsten Regionen der Erde Chancen auf einen Zugang zu Bildung und damit auf wirtschaftliche Verbesserungen. Die Vereinten Nationen erklären daher die signifikante Steigerung der Anzahl bezahlbarer Internetzugänge in den ärmsten Ländern zu einem wichtigen Entwicklungsziel [8].

Während in den meisten Industrieländern der Internetzugang über Festnetz- oder terrestrische Anschlüsse gut ausgebaut ist, fehlt es gerade in ländlichen Regionen vieler Entwicklungsländer an der nötigen Infrastruktur. Eine Lösung, die auch in entlegenen Gebieten einen breitbandigen Informationszugang ermöglicht, bieten sogenannte *High Throughput Satellites* (HTSs) [6]. Auch, wenn in jüngster Zeit verstärkt der Einsatz von Satelliten in einer niedrigen (LEO) oder mittleren Erdumlaufbahn (MEO) [9] oder sogar von Ballons [10]

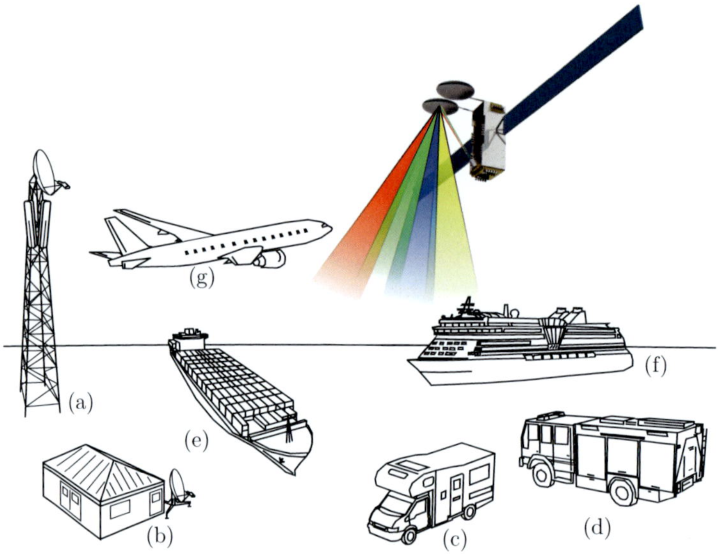

Abbildung 1.1: Stationäre (a, b), nomadische (c, d) und mobile (e-g) Satellitennutzer.

diskutiert wird, werden aktuelle Kommunikationssatelliten für breitbandigen Internetzugang in der Regel im geostationären Orbit (GEO) betrieben [11]. Wegen der deutlich größeren Entfernung für die Kommunikation mit GEO-Satelliten werden größere Antennen benötigt. Da der Satellit relativ zur Erdoberfläche seine Position nicht verändert, müssen diese aber anders als bei LEO- und MEO-Satelliten nicht nachgeführt werden. Ein grundsätzliches Problem von geostationären Satelliten ist die Laufzeit der Signale vom Anwender zum Satellit und wieder zur Bodenstation. Diese ist mit mindestens 270 ms bei Sprach- oder Videotelefonaten deutlich spürbar und wird von vielen Nutzern als störend empfunden [12].

Abbildung 1.1 stellt einige mögliche Nutzer von breitbandigem Satelliteninternet dar. Diese können nach ihrer Beweglichkeit in drei Klassen eingeteilt werden. Als stationäre Anwender kommen neben abgelegenen Häusern und Höfen vor allem zentrale Einrichtungen wie Krankenhäuser und Schulen in Frage [6]. Die Satellitenverbindung kann auch als Mobilfunk-Basisnetz genutzt werden. Die Daten werden dabei über UMTS, LTE oder WLAN an die

Endgräte weitergeleitet. Diese Anwendung ist im Wesentlichen für dünn besiedelte Regionen interessant, für die eine erdgebundene Anbindung nicht wirtschaftlich wäre. Als mobile Anwender kommen hauptsächlich Passagier- und Frachtschiffe in Frage, die eine relativ große Antenne mitführen können. Diese Reflektorantennen werden automatisch auf den Satelliten ausgerichtet und gleichen damit Bewegungen des Schiffes aus. Eine Anwendung in Passagierflugzeugen erfordert eine aerodynamische Unterbringung der Antennen und eine schnellere Nachführung. In Zukunft können hier elektronisch schwenkbare Antennen zum Einsatz kommen [13]. Eine Zwischenform bilden nomadische Anwender, die kurzzeitig eine stationäre Satellitenverbindung aufbauen. Um weiterziehen zu können, müssen diese Anwender die Antenne relativ schnell ab- und wieder aufbauen können. In diese Kategorie fallen beispielsweise Campingurlauber, Forschungsexpeditionen und Filmteams. Eine weitere wichtige Anwendung von Satellitenkommunikation ist der Katastrophenschutz [6], [14]–[16]. Brechen die Energieversorgung und damit die Kommunikationsinfrastruktur zusammen, sind Satelliten oft die einige Möglichkeit Einsatzkräfte zu koordinieren und mit aktuellen Daten und Lagekarten zu versorgen. Auch für die Informationsversorgung der Bevölkerung und beim Wiederaufbau kann auf Kommunikationssatelliten zurückgegriffen werden. Beispiele sind das Erdbeben in Haiti 2010 [17] und die Tsunamikatastrophe in Folge des Erdbebens in Japan im Jahr 2011 [18].

Aus den genannten Anwendungen können drei wesentliche Anforderungen an die Antennensysteme künftiger Kommunikationssatelliten abgeleitet werden:

- Es werden hohe Datenraten benötigt, um möglichst viele Menschen zu geringen Kosten versorgen zu können.

- Das Antennensystem soll möglichst klein und leicht sein, um die Kosten des Satellitenstarts gering zu halten. Auch können dann mehr Nutzlasten auf einem Satelliten untergebracht werden, sodass die anteiligen Kosten gesenkt werden können.

- Eine Flexibilität im Bezug auf Sendefrequenz und die Ausrichtung der Antenne erlaubt es dem Satellitenbetreiber die Serviceregion zu verschieben und so auf veränderte Bedarfe oder besondere Ereignisse zu reagieren.

High Throughput Satellites (HTS)

Moderne Kommunikationssatelliten mit hohen Datenraten werden als *High Throughput Satellites* (HTS) bezeichnet. Abbildung 1.2 vergleicht den Aufbau der Sendeantenne eines konventionellen Rundfunksatelliten mit der eines HTS. Beide verwenden Reflektorantennen, um die Sendeleistung zu bündeln und so den benötigten Antennengewinn zu erreichen. In der Regel werden Offset-Reflektoren verwendet [19]. Der Primärstrahler befindet sich in der Fokalebene. Bei der in Abbildung 1.2a gezeigten Antenne eines Rundfunksatelliten wird eine einzige Hornantenne als Primärstrahler verwendet. Über den Reflektor wird die gesamte Serviceregion auf der Erde ausgeleuchtet. Alle Nutzer in dieser Region empfangen dieselben Signale innerhalb einer Bandbreite B. Daher eignen sich solche Antennen am besten für die Ausstrahlung von Rundfunkdiensten — beispielsweise für Fernsehprogramme. Die nutzbare Datenrate kann durch Verwendung zweier orthogonaler Polarisationen (in der Skizze als P_1 und P_2 bezeichnet) verdoppelt werden. Hier bietet sich die Verwendung zirkularer Polarisationen gerade in Hinblick auf mobile Nutzer an. Bei linear polarisierten Wellen ist eine genaue Ausrichtung der Antenne nicht nur auf den Satelliten, sondern auch entlang der Polarisationsrichtung notwendig. Dieser Aufwand entfällt bei Verwendung zirkular polarisierter Wellen. Je nach Form und Größe der ausgeleuchteten Bereiche innerhalb der Serviceregion wird zwischen einer globalen, einer hemisphärischen, einer regionalen und einer Spot-Ausleuchtung unterschieden [19]. Bei der globalen oder hemisphärischen Ausleuchtung wird die gesamte bzw. die halbe vom Satelliten sichtbare Erdoberfläche versorgt. Bei einer regionalen Ausleuchtung umfasst die Serviceregion nur bestimmte Gebiete, beispielsweise einzelne Länder oder Sprachregionen. Bei der Spot-Ausleuchtung wird die Serviceregion durch eine große Anzahl nebeneinander liegender Spots versorgt. Dies ist in Abbildung 1.2b dargestellt. Die Strahlen, die die Spots erzeugen, werden im folgenden als *Beams* bezeichnet. Eine Antenne, die mehrere Beams aussendet, wird Multibeam-Antenne genannt.

Damit benachbarte Beams sich in den überlappenden Bereichen nicht gegenseitig stören, werden unterschiedliche Frequenzen und Polarisationen verwendet. Wie in der Abbildung skizziert, werden vier Kombinationen von Frequenz und Polarisation für die Beams genutzt [20]–[22]. Jedem Beam steht somit eine Bandbreite von $B/2$ zur Verfügung. Dieses Konzept wird als Vier-Farb-Schema bezeichnet. Da jede Kombinationen innerhalb der Serviceregion regelmäßig wiederholt wird, kann die zur Verfügung stehende Bandbreite deutlich effizi-

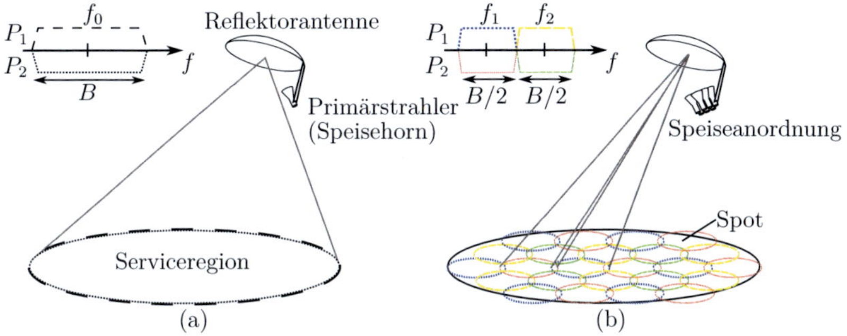

Abbildung 1.2: Ausleuchtung der Serviceregion und Zuordnung von Frequenz und Polarisation für a) konventionelle (Rundfunk-) Satelliten und b) Satelliten mit hoher Datenrate (HTSs).

enter genutzt werden [23], [24]: Bei M Beams kann die gesamte Datenrate so gegenüber einem konventionellen Satelliten um den Faktor $M/4$ gesteigert werden [25]. Daher wird bei HTS die Spot-Ausleuchtung eingesetzt. Der Reflektor der in Abbildung 1.2b gezeigten Multibeam-Antenne wird anstelle eines einzelnen Primärstrahlers durch eine Gruppe von Hornantennen gespeist. Diese Speiseanordnung befindet sich in der Fokalebene des Reflektors. Zum Erzeugen der vergleichsweise schmalen Beams werden Reflektoren mit einem größeren Durchmesser und damit einem höheren Antennengewinn als bei Rundfunksatelliten eingesetzt [26].

Beispiele für aktuelle HTS sind Ka-Sat (Start 2010, Datendurchsatz 90 GBit/s für Up- und Downlink zusammen), ViaSat-1 (2011, >100 GBit/s), EchoStar 17 (2012, >100 GBit/s), EchoStar 19 (2016, 150 GBit/s) oder ViaSat-2 (2017, 300 GBit/s) [11]. Typische kommerzielle HTS arbeiten im K-Band bei Frequenzen zwischen 17,7 und 20,2 GHz [27]. Die Bandbreite ist typischerweise $B = 500\,\text{MHz}$ [28].

Bei den beschriebenen HTS-Antennen kann zwischen zwei Arten der Speisung unterschieden werden. Diese werden in Abbildung 1.3 dargestellt. Bei Single-Feed-per-Beam-(SFB-) Antennen wird jeder Beam durch genau eine Speiseantenne (Feed) erzeugt. Die Feldstärke eines Beams nimmt zu dessen Rand hin stark ab. Das führt zu einer ungleichmäßigen Abdeckung der Serviceregion und schlimmstenfalls zu Lücken zwischen den Beams. Um diesen Effekt zu vermeiden, ist eine Überschneidung benachbarter Beams notwendig. Allerdings

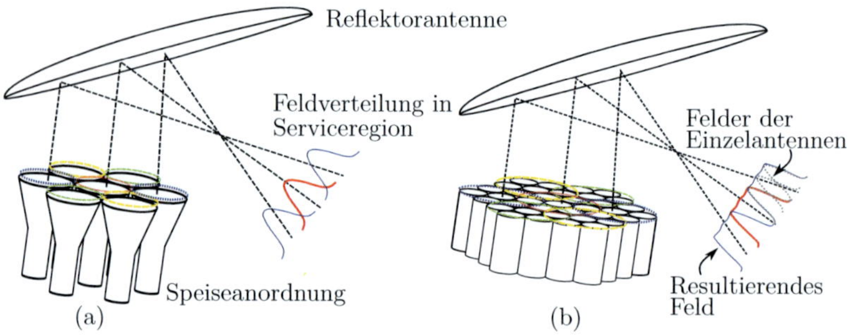

Abbildung 1.3: Vereinfachte Darstellung der Antennenanordnung und der resultierenden Feldverteilung bei a) SFB- und b) MFB-Antennen.

kann das bei SFB-Antennen nicht durch ein Überlappen der Einzelantennen gelöst werden. Statt dessen werden Ansätze verfolgt, bei denen für jede der vier Farben — also jede Kombination von Polarisation und Frequenzband — ein eigener Reflektor verwendet wird [29], [30]. Diese vier Reflektoren werden exakt zueinander ausgerichtet, sodass eine lückenlose Ausleuchtung der Serviceregion erreicht wird. Dabei können die Reflektoren gleichzeitig für die Sende- und die Empfangsantennen des Satelliten eingesetzt werden [31], [32]. Ein Überlapp zwischen den Beams kann auch durch den Einsatz speziell geformter Reflektoren erreicht werden [33]. Für Beams mit unterschiedlicher Polarisation kann auch eine Beschichtung mit polarisationsabhängigen Reflexionseigenschaften verwendet werden [34].

Multiple-Feed-per-Beam-(MFB-) Antennen erlauben die Erzeugung überlappender Beams mit einem einzelnen Reflektor. Das Prinzip ist in Abbildung 1.3b dargestellt. Die Beams werden aus der Überlagerung der Felder einer Gruppe kleinerer Speiseantennen erzeugt. Einige dieser Antennen werden durch mehrere benachbarte Beams gemeinsam genutzt. So wird ein Überlapp der Beams bereits in der Speiseanordnung erreicht. Ein weiterer Vorteil gegenüber SFB-Antennen ist die Möglichkeit, die Feldverteilung der Beams über die Anregung der einzelnen Speiseantennen zu formen. Wie in der Abbildung gezeigt, kann so eine relativ gleichmäßige Verteilung der Signalstärke innerhalb eines Beams erzielt werden [35]. Für eine gegebene Serviceregion auf der Erde sind die optimalen Anregungskoeffizienten dabei abhängig von der Ausrichtung der Speiseanordnung zum Reflektor. MFB-Antennen benötigen komplexe Strahlformungsnetzwerke (*engl. Beam Forming Network* BFN). Das BFN teilt die Signale der Beams auf die zugehörigen Speiseantennen auf, stellt für jedes

Speisehorn den gewünschten Anregungskoeffizienten ein und führt die Signale benachbarter Beams bei gemeinsam genutzten Antennen zusammen.

In den letzten zehn Jahren sind große Fortschritte bei der Entwicklung von MFB-Antennen im K-Band erzielt worden. Entwürfe auf Grundlage von dielektrischen [29] oder Hohlleiterlinsen [36], selbst frühe aktive Linsenantennen [37], konnten sich nicht durchsetzen. Stattdessen werden BFNs für MFB-Antennen auf Grundlage von Kopplern in Hohlleitertechnik realisiert [38]–[43]. Diese Technik ist inzwischen qualifiziert [44] und wird kommerziell eingesetzt.

Die genannten Antennen haben zwei grundlegende Nachteile. Die verwendete Hohlleiter- oder Linsentechnik führt zu einem relativ großen Volumen und einer großen Masse. Dies wiederum bewirkt hohe Kosten, um den Satelliten in den geostationären Orbit zu bringen — hier muss mit mehreren Zehntausend US-Dollar pro Kilogramm gerechnet werden [20]. Der zweite Nachteil ist die geringe Flexibilität. Die Anregungskoeffizienten der Speiseantennen werden beim Entwurf des Hohlleiternetzwerkes festgelegt.

Beide Nachteile können durch den Einsatz aktiver Komponenten in MFB-Antennen vermieden werden [21]. Dazu werden Verstärker direkt in die einzelnen Speiseantennen integriert. So können Verluste des BFNs ausgeglichen werden. Dies erlaubt die Verwendung der im Vergleich zur Hohlleitertechnik deutlich verlustreicheren Leiterplattentechnologie und damit eine deutliche Reduzierung der Masse der Antenne. Auch muss jeder einzelne Verstärker nur einen Teil der Gesamtleistung eines Beams bereitstellen. Damit können Halbleiter-Leistungsverstärker (SSPAs) anstelle der bisher auf K-Band-Satelliten verwendeten Wanderfeldröhrenverstärker (TWTAs) eingesetzt werden. Dies bewirkt ebenfalls eine deutliche Verkleinerung des Systems. Außerdem wird ein Schwenken der Beams ermöglicht. Dazu wird der Reflektor bewegt. Da dies seine Ausrichtung zur Speiseanordnung verändert, müssen die Anregungskoeffizienten der Speiseantennen nachgestellt werden [45]. Dies kann durch den Einsatz von elektronisch steuerbaren Phasen- und Amplitudenstellern in dem BFN erreicht werden. Die Verluste der Stellkomponenten werden ebenfalls durch die aktiven Antennen ausgeglichen.

Komplett elektronisch schwenkbare Antennen bieten zwar eine noch größere Flexibilität, benötigen aber eine deutlich größere Anzahl von Einzelantennen und Stellkomponenten. Direktstrahlende Gruppenstrahler [46]–[48] und *Imaging Phased Arrays* [30] sind aktuell

Gegenstand der Forschung. Besonders weit ist hier das *Quantum*-System von Eutelsat und Airbus DS [49]. Dieses System verfügt über acht schwenkbare Beams im X-Band [50].

Zielsetzung und Gliederung

Das Ziel der vorliegenden Arbeit ist es, Ansätze zur Realisierung eines aktiven MFB-Sendesystems im K-Band aufzuzeigen. Die Integration von Halbleiter-Leistungsverstärkern (SSPA) mit einer hohen Ausgangsleistung in die dicht gepackte Speiseanordnung der Antenne ist die Voraussetzung dafür und der Schwerpunkt dieser Arbeit. Die vorgestellten Untersuchungen basieren auf den Ergebnissen des Projektes *Active Multi Feed* (AMF)[1].

In Kapitel 2 wird zunächst die benötigte Sendeleistung ermittelt. Anschließend werden die Grundlagen und Beschränkungen konventioneller passiver MFB-Antennen erläutert. Darauf aufbauend werden Konzepte für aktive Antennen vorgestellt. Durch Mehrfachnutzung von Leistungsverstärkern durch benachbarte Beams kann die benötigte Gesamtleistung reduziert werden.

Ausgehend von diesen allgemeinen Untersuchungen werden in Kapitel 3 Technologien für den Aufbau von aktiven MFB-Antennen vorgestellt und verglichen. Es wird auf die Aufbau- und Verbindungstechnik, Materialien, Leitungsformen und Komponenten eingegangen. Ein Überblick über die zum Zeitpunkt der Arbeit verfügbaren SSPAs wird gegeben. Die jeweils am besten geeigneten Technologien und Komponenten werden für die weiteren Untersuchungen ausgewählt.

In Kapitel 4 wird eine Aufbauarchitektur für die Sendestufe einer aktive MFB-Antenne vorgestellt. Es werden unterschiedliche Möglichkeiten für den Aufbau und die Integration der aktiven Komponenten verglichen und die geeignetste ausgewählt. Dabei werden die zu erwartenden Einflüsse des Architekturkonzeptes auf die Integrationsdichte, die HF-Eigenschaften und die thermischen Eigenschaften der Antenne betrachtet. Anhand von Blockschaltbildern wird eine Architektur für die aktiven Module, auf denen die Verstärker integriert werden, entwickelt. Anschließend wird ein Verteilnetzwerk mit 1 : 7-Leistungsteiler in planarer Technologie vorgestellt.

[1] Das Vorhaben wurde durch das Raumfahrtmanagement im DLR im Auftrag des Bundesministeriums für Wirtschaft und Technologie unter dem Kennzeichen 50 YB 1314 von Mai 2013 bis Dezember 2016 gefördert [51].

Kapitel 5 beinhaltet den Entwurf und die Realisierung der Verstärkerstufe eines aktiven Moduls. Dabei werden zunächst passive Komponenten und Übergänge entworfen sowie messtechnisch charakterisiert. Anschließend wird ein Konzept zur Integration der Leistungsverstärker vorgestellt und schrittweise umgesetzt. Zuletzt werden die gezeigten Komponenten zu einem Modul zusammengefügt. Dieses wird ebenfalls messtechnisch untersucht.

Zum Abschluss werden die Ergebnisse der Arbeit in Kapitel 6 zusammengefasst. Dabei werden Ansätze zur Verbesserung und Weiterführung aufgezeigt.

2 Multiple-Feed-per-Beam-Antennen

In diesem Kapitel werden die Grundlagen für den Entwurf einer Multiple-Feed-per-Beam-(MFB-) Antenne beschrieben. Zunächst wird die benötigte Sendeleistung eines Beams bestimmt. Ausgehend von passiven MFB-Antennen werden Konzepte für aktive Strahler mit integrierten Verstärkern entwickelt. Durch Mehrfachnutzung von SSPAs kann die benötigte Gesamtleistung reduziert werden. Für unterschiedliche Antennenkonzepte unterscheiden sich die Einsparpotentiale zum Teil erheblich. Um die Konzepte vergleichen zu können, wird der durchschnittliche Leistungsbedarf pro Beam und pro Verstärker bestimmt.

2.1 Beschreibung der Übertragungsstrecke

Die benötigte Sendeleistung eines Beams wird neben der atmosphärischen und der Freiraumdämpfung wesentlich durch die Empfindlichkeit der Empfänger bestimmt. In Tabelle 2.1 sind einige kommerziell verfügbare Satellitenterminals aufgelistet und nach den in Kapitel 1 vorgestellten Anwendungen sortiert. Als Kenngröße für die Empfindlichkeit wird die Empfangsgüte G/T angegeben. Bei allen gezeigten Systemen handelt es sich um Reflektorantennen. Die Antennen für mobile und nomadische Anwendungen verfügen über Stellmotoren zur automatischen Ausrichtung auf den Satelliten. Schon für relativ kompakte Systeme mit weniger als einem Meter Reflektordurchmesser wird ein G/T von über 20 dB/K erreicht. Für die Anwendung auf Schiffen oder für Mobilfunkbasisstationen können größere Antennen mit einer höheren Empfangsgüte verwendetet werden.

Für die Berechnung der Sendeleistung wird angenommen, dass DVB-S2 als Standard für Modulation und Kodierung der Sendesignale verwendet wird [23], [52]–[54]. DVB-S2 bietet

Tabelle 2.1: Übersicht ausgewählter Ka-Band-Satellitenterminals, Eigenschaften aus Datenblättern oder Katalogen der Hersteller entnommen.

Hersteller	Produkt	Größe	G/T	Anwendung
ViaSat	Surfbeam 2 Residential	72 cm Ø	17,2 dB/K	Stationär
C-Com iNetVu	FMA-120Ka	1,2 m Ø	23,0 dB/K	Stationär
ViaSat	Tooway Professional	1,2 m Ø	23,6 dB/K	Stationär
ViaSat	Surfbeam 2 Pro Portable 50	50 cm Ø	14,0 dB/K	Nomadisch
ViaSat	Surfbeam 2 Pro Portable 75	75 cm Ø	17,5 dB/K	Nomadisch
C-Com iNetVu	Ka-75V	75 cm Ø	17,5 dB/K	Mobil
AVL Technologies	880KVH (mit Viasat TRIA)	85 cm Ø	19,8 dB/K	Mobil
ND SatCom	Ka2Go Terminal	89 cm Ø	19,9 dB/K	Mobil
AVL Technologies	1080KVH (mit Viasat TRIA)	1 m Ø	21,2 dB/K	Mobil
C-Com iNetVu	Ka-1202V	1,2 m Ø	23,6 dB/K	Mobil

ein adaptives Modulations- und Kodierungsverfahren [55] und eignet sich durch die Erweiterung DVB-RCS auch für interaktive Inhalte [56]. Im Folgenden wird davon ausgegangen, dass für jeden Beam eine Bandbreite von 250 MHz zur Verfügung steht [57], [58]. Nach dem Vier-Farb-Schema wird so insgesamt eine Bandbreite von 500 MHz genutzt.

Der Reflektor der Sendeantenne auf dem Satelliten hat einen Durchmesser von 2,7 m. Damit hat jeder Beam eine Keulenbreite von 0,75° und einen Antennengewinn von mindestens 43 dB [45], [59]. Die Regendämpfung wird auf Grundlage der ITU-R P.618-10 [60]–[63] berechnet.Weitere Dämpfungsmechanismen können vernachlässigt werden [64]. Es soll ein möglichst großer Teil der vom Satelliten sichtbaren Erdoberfläche mit einer Verfügbarkeit von mindestens 99,7% und einer Datenrate von mindestens 250 MBit/s pro Beam versorgt werden. Dazu wird bei DVB-S2 ein Träger-Rausch-Verhältnis (CNR) von mindestens 1 dB benötigt [52].

Das Ergebnis der Berechnung ist in Abbildung 2.1 dargestellt. Der geostationäre Satellit hat dabei eine orbitale Position von 50° Ost. Die Karte zeigt die Sendeleistung in Watt, die ein einzelner Beam benötigt, der auf die jeweiligen Orte auf der Karte ausgerichtet wird. Mit einer Leistung von 25 W pro Beam kann das Ziel erreicht werden. Für große Teile der Erde ist die benötigt Sendeleistung sogar deutlich geringer. Diese können daher mir einer deutlich größeren Datenrate oder einer höheren Verfügbarkeit versorgt werden.

Abbildung 2.2 zeigt das resultierende Träger-Rausch-Verhältnis, bzw. die für DVB-S2 erzielbare Bandbreiteneffizienz für ein Szenario mit 37 Beams, die an unterschiedliche Orte

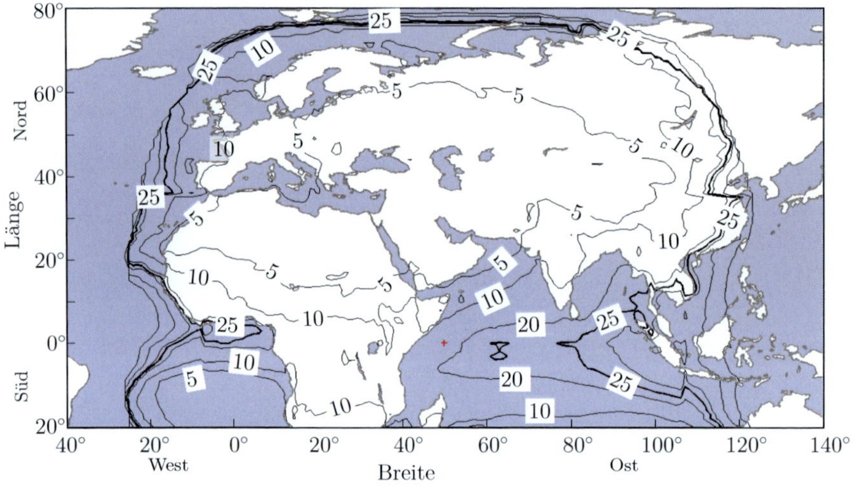

Abbildung 2.1: Pro Beam benötigte Leistung (in Watt) für eine Datenrate von mindestens 250 MBit/s bei einer Verfügbarkeit von 99,7 %.

geschwenkt werden. Deutlich größere Anordnungen mit über 80 Beams sind ebenfalls vorstellbar [22], [23]. Beispielhaft sind die Abdeckungen für den Sub-Satelliten-Punkt (Abbildung 2.2a), Indien und Zentralchina (b), Westasien (c) und Nordafrika (d) gezeigt. Für die Empfangsantennen wird auch hier von einem G/T von 20 dB/K ausgegangen. Die Untersuchung zeigt, dass in trockenen Regionen (Abbildung 2.2c und d) auch mit einfacheren Empfangsterminals gearbeitet werden kann. In feuchten Klimazonen (Abbildung 2.2a und b) werden tendenziell größere Terminals benötigt, um eine hohe Signalqualität zu erreichen.

2.2 Passive MFB-Antennen

Abbildung 2.3 zeigt schematisch den Aufbau einer passiven MFB-Antenne mit Röhrenverstärkern (TWTAs). Diese besteht aus den eigentlichen Speiseantennen und Polarisatoren zum Erzeugen der zirkularen Polarisation sowie einem passiven, idealerweise verlustlosen Strahlformungsnetzwerk (BFN), das durch die Streumatrix $[S_{\mathrm{BFN}}]$ beschrieben wird.

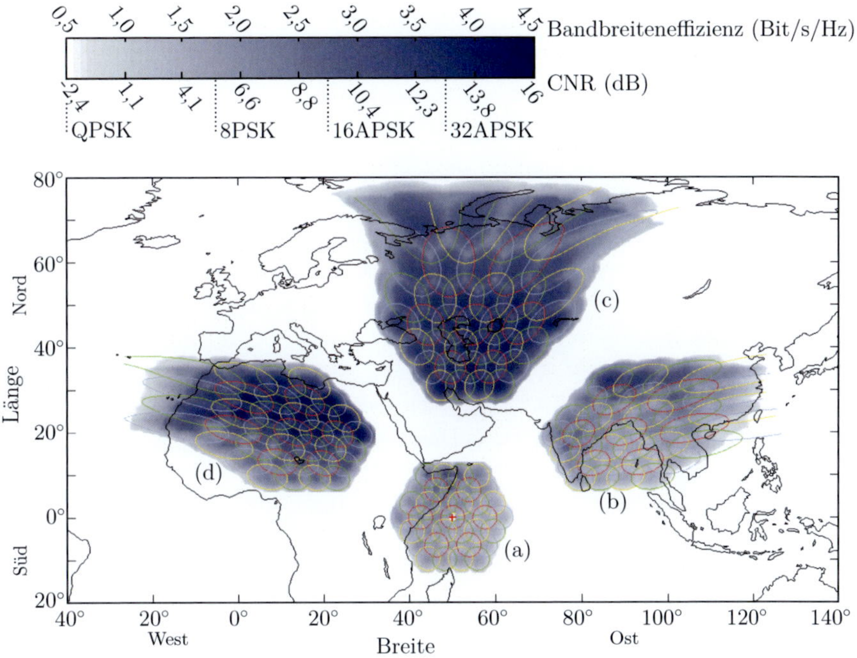

Abbildung 2.2: Träger-Rausch-Verhältnis (CNR) und Bandbreiteneffizienz für eine Ausrichtung der Antenne a) auf den Sub-Satelliten-Punkt (SSP), b) nach Indien und Zentralchina, c) Westasien und d) Nord-West-Afrika.

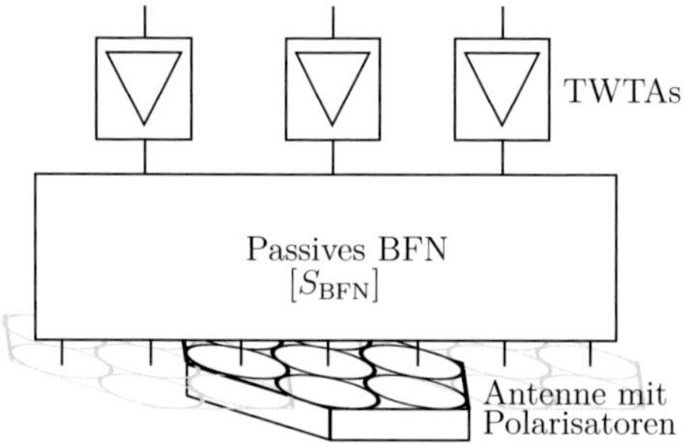

Abbildung 2.3: Passive MFB-Antenne mit Röhrenverstärkern (TWTA).

Das BFN besteht aus Kopplern, Leistungsteilern und festen Phasenschiebern. Für jeden Beam wird ein Verstärker — üblicherweise ein Wanderfeldröhrenverstärker (TWTA) — benötigt, der das BFN speist. Da Verluste im BFN nicht ausgeglichen werden können, muss das Netzwerk äußerst verlustarm sein. In der Regel wird hier auf Hohlleitertechnik zurückgegriffen.

In Abbildung 2.4 werden mögliche Anordnungen der Speiseantennen gezeigt. Die jeweils zu einem Beam gehörenden Antennen sind markiert. Es werden Aufbauten mit vier bis sieben Einzelantennen pro Beam und einer unterschiedlich starken Überschneidung zwischen den Beams betrachtet. In Abbildung 2.4a wird jeder Beam aus sieben Antennen gebildet. Benachbarte Beams teilen sich jeweils eine Antenne. Im Folgenden wird diese Anordnung daher als (7/1)-Konzept bezeichnet. Ein Beispiel für eine passive (7/1)-Antenne wurde in [43] veröffentlicht. Eine Antenne mit einem (7/2)-Konzept, wie in Abbildung 2.4b gezeigt, wurde in dem Projekt *Medusa* entwickelt [41]. Die in 2.4c gezeigte (6/1)-Antenne hat die Besonderheit, dass sich benachbarte Beams ein oder zwei Einzelantennen teilen [65]. Bei den (7/1)- und (7/2)-Konzepten gibt es jeweils eine Antenne, die nicht gemeinsam durch benachbarte Beams genutzt wird. Im Gegensatz dazu bestehen die Antennen des (6/1)- und auch des in Abbildung 2.4d gezeigten (4/2)-Konzeptes ausschließlich aus gemeinsam genutzten Antennen. Ein Aufbau, der die (4/2)-Anordnung nutzt, wurde in [66] veröffentlicht.

Die optimalen Anregungskoeffizienten der einzelnen Speiseantennen werden üblicherweise so bestimmt, dass die minimale Direktivität am Rand eines Beams maximiert wird [67].

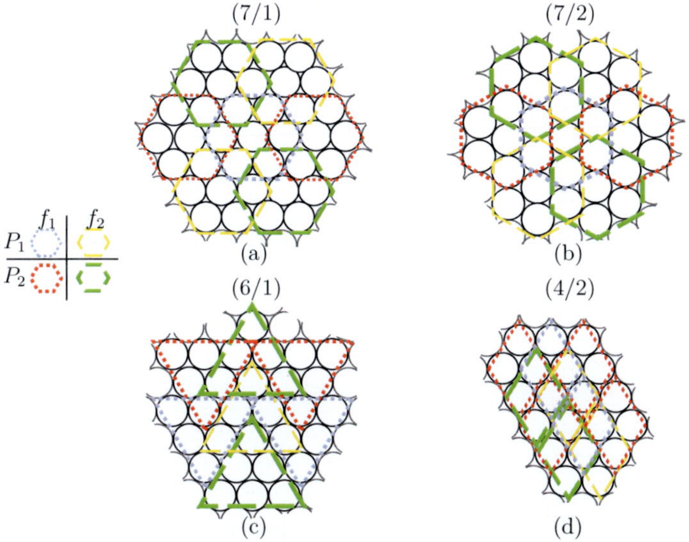

Abbildung 2.4: Anordnung der Speiseantennen bei unterschiedlichen Überschneidungskonzepten.

Tatsächlich kann eine optimale Anregung bei passiven MFB-Antennen nicht realisiert werden. Die Anregungskoeffizienten werden durch das BFN festgelegt. Werden Leitungsverluste vernachlässigt und das BFN als verlustlos angesehen, ist dessen Streumatrix $[S_{\mathrm{BFN}}]$ unitär. Sollen die Tore des BFN reflexionsfrei angepasst und die Beams nicht verkoppelt sein, können die Anregungskoeffizienten der Einzelantennen daher nicht beliebig gewählt werden [35], [68]. Dies führt im Vergleich mit einer optimalen Wahl der Anregung zu einer geringeren Direktivität der Antenne. Nach [67] ist die Direktivität einer (7/1)-Antenne um 0,8 dB, beim (7/2)-Konzept um 1 dB geringer, als bei einer optimalen Anregung.

2.3 Aktive MFB-Antennen

Bei aktiven MFB-Antennen werden die Verstärker im BFN integriert. Damit kann der Aufbau in Bereiche mit hoher und niedriger HF-Leistung unterteilt werden. Dies ist in

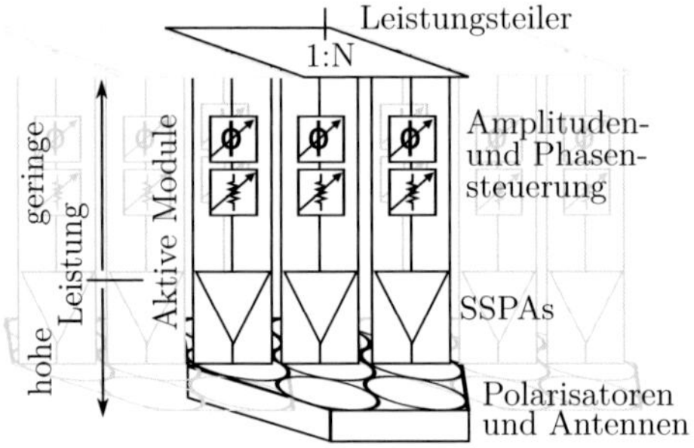

Abbildung 2.5: Aktive MFB-Antenne.

Abbildung 2.5 dargestellt. Die gezeigte MFB-Antenne verwendet N Speiseantennen pro Beam. Die Eingangssignale der Beams werden durch 1:N-Leistungsteiler geteilt und den Verstärkern zugeführt. Im Gegensatz zu passiven Antennen müssen die Verstärker daher die Sendeleistung für jeweils eine einzelne Speiseantenne und nicht für einen ganzen Beam erzeugen. Aus diesem Grund können SSPAs eingesetzt werden. Wegen deren vergleichsweise geringen Raumbedarfs kann ein relativ kleiner Abstand zwischen den Einzelantennen von etwa einer Wellenlänge gewählt werden [59]. Würden TWTAs verwendet, müsste die Speiseanordnung vergrößert werden [69]–[71].

Allgemein führt eine Verringerung des Elementabstandes innerhalb der Speiseanordnung bei einem gegebenen Reflektor zu einer besseren Ausleuchtung des Reflektors und damit zu einer höheren Direktivität. Bei einem größeren Elementabstand muss ein Reflektor mit einer größeren Fokallänge verwendet werden, wodurch Größe und Masse der gesamten Antenne deutlich vergrößert werden. Ein zu geringer Elementabstand führt allerdings zu einer deutlichen Verkleinerung der einzelnen Speiseantennen. Dies kann zu einer schlechten Anpassung führen. Daher wird der Abstand zwischen den Speiseantennen der aktive MFB-Antenne auf $d_{\mathrm{Feed}} = 17{,}2\,\mathrm{mm}$ festgelegt [72]. Die Anordnung der Antennen mit den relevanten Maßen ist in Abbildung 2.6 dargestellt. Aus der Antennenanordnung ergibt sich eine für die aktive Elektronik nutzbare Fläche von $W_{\mathrm{Feed,\,y}} \times W_{\mathrm{Feed,\,x}} = 17{,}2\,\mathrm{mm} \times 14{,}9\,\mathrm{mm}$. Jede Einzelantenne verfügt über einen Polarisator zum Erzeugen der zirkular polarisierten Wellen. Für die beiden Polarisationen P_1 und P_2 ist je ein separater Eingang vorhanden, sodass ein Horn von zwei unterschiedlich polarisierten Beams gemeinsam genutzt werden

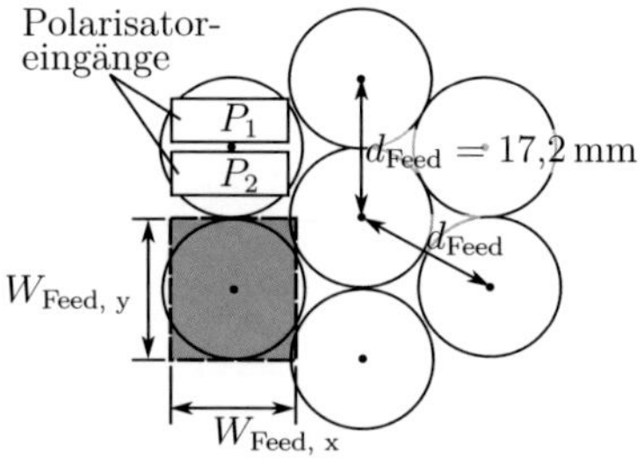

Abbildung 2.6: Anordnung der Speiseantennen und Polarisatoren.

kann. In der Abbildung wird beispielhaft für eine Antenne auch die Anordnung der Eingänge des Polarisators gezeigt.

Verluste im Bereich der Anordnung mit geringer HF-Leistung beeinflussen den Gesamtwirkungsgrad der Antenne nur geringfügig und werden durch die Verstärkung der SSPAs überkompensiert. Dies ermöglicht die Verwendung verlustbehafteter Schaltungen und Technologien. Durch den Wegfall der Unitaritätsbedingung an das BFN können die Anregungskoeffizienten der Einzelantennen optimal gewählt werden, wodurch eine höhere Direktivität als bei passiven MFB-Antennen erreicht werden kann [59]. Der Bereich der Antenne mit hoher Leistung wird wie bei den passiven Aufbauten in verlustarmer Hohlleitertechnik umgesetzt. Dies betrifft im Wesentlichen die Polarisatoren und die Hornantennen. Für den restlichen Aufbau wird hingegen auch auf Leiterplattentechnologie zurückgegriffen. Dies ermöglicht einen vergleichsweise kompakten Aufbau und eine deutliche Reduzierung der Gesamtmasse.

Ein weiterer Vorteil gegenüber passiven MFB-Antennen ist die Möglichkeit, Phasen- und Amplitudensteller zu integrieren. Dies macht die Antenne rekonfigurierbar und ermöglicht neben einer Kalibrierung im Betrieb auch ein Verschieben der Serviceregion. Dazu wird der Reflektor mechanisch geschwenkt. Da dies dessen Ausrichtung zur Speiseanordnung verändert, wird auch das aus der Überlagerung der Strahlung der Einzelantennen resultierende Richtdiagramm der Antenne verformt. Bei einer rekonfigurierbaren aktiven MFB-Antenne können die Anregungskoeffizienten der Einzelantennen nachgestellt werden, um die gewünschte Richtcharakteristik wiederherzustellen [45], [59].

Anstelle von Hohlleiter- oder Leiterplattentechnik kann das BFN auch in optischer Technologie realisiert werden [14], [73]. Dies erfordert zusätzlichen Aufwand für die Wandlung zwischen HF- und optischen Signalen [74], erlaubt aber eine kompakte Realisierung sehr komplexer Netzwerke. Obwohl optische BFNs in dieser Arbeit nicht eingehender untersucht werden, sind die Betrachtungen zur Integration von SSPAs auch für solche Antennen gültig.

2.3.1 Mehrfach genutzte Verstärker

Bei den bisherigen Untersuchungen werden die Beams unabhängig voneinander betrachtet. Für die Berechnung der pro Beam benötigten Leistung wird die gesamte Bandbreite von 250 MHz verwendet, es wird zudem von einer Regendämpfung ausgegangen, die für höchstens 26 Stunden pro Jahr erreicht oder überschritten wird. Es ist allerdings unwahrscheinlich, dass beides — starker Regen und vollständige Nutzung der Bandbreite — gleichzeitig für mehrere benachbarte Beams auftritt. Der Durchmesser von Starkregenzellen ist deutlich kleiner, als der Durchmesser eines Beams [75], [76]. Die benötigten Datenraten sind von lokalen Ereignissen, der Bevölkerungsdichte und -struktur abhängig und damit ebenfalls von Beam zu Beam unterschiedlich. Dies führt zu einer ungleichmäßigen Verteilung der pro Beam benötigten Bandbreite [77] und somit auch der Leistung. Werden Leistungsverstärker durch mehrere Beams gemeinsam genutzt, kann daher die gesamte benötigte Leistung reduziert werden [78], [79].

Verringerung der benötigten Leistung

Um die möglichen Einsparungen durch die gemeinsame Nutzung von SSPAs durch mehrere Beams zu bestimmen, werden im Folgenden einige Annahmen getroffen. Davon ausgehend kann die maximal mögliche Leistungsersparnis für eine gegebene Anordnung der Antennen und SSPAs berechnet werden.

Abbildung 2.7 zeigt mehrere benachbarte Beams. In der Darstellung ist die Sendeleistung auf die maximal pro Beam benötigte Leistung — hier 25 W — normiert. Es wird angenommen, dass keine benachbarten Beams gleichzeitig die maximale normierte Leistung von $\tilde{P}_{\mathrm{B},1} = 1$ benötigen. Zu einem Zeitpunkt benötigt ein beliebiger Beam $m = 1$ die maximale

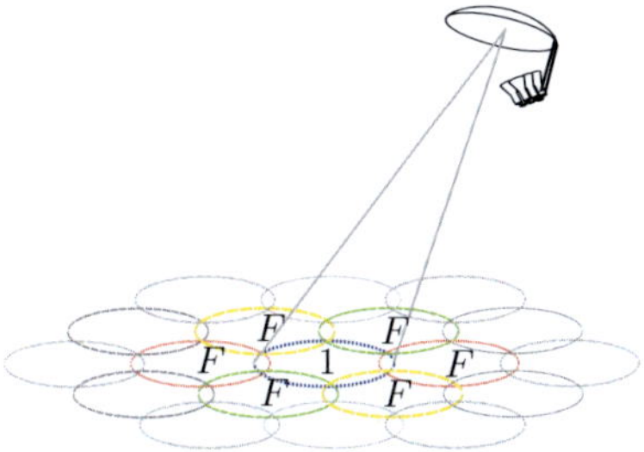

Abbildung 2.7: Szenario für die Bewertung der Konzepte: Auf die maximal benötigte Leistung normierte Sendeleistung benachbarter Beams.

Sendeleistung. Für die benachbarten Beams $m \neq 1$ wird jeweils die normierte Leistung $\tilde{P}_{\mathrm{B,j}} \leq F$ mit $0 \leq F < 1$ benötigt. Da die gezeigte Anordnung periodisch fortgesetzt werden kann, wird zu jedem Zeitpunkt nur für ein Drittel aller Beams die maximale Leistung benötigt. Zwei Drittel der Beams benötigen hingegen maximal den Anteil F. Ausgehend von der in [77] und [80] angegebenen Verteilung der Datenraten über mehrere Beams und der Statistik der Regendämpfung nach [60] kann $F = 0{,}5$ für realistische Anwendungen angenommen werden.

Als Beispiel, um die Wirkung mehrfach genutzter Verstärker zu verdeutlichen, werden in Abbildung 2.8 mehrere Speisehörner gezeigt, die zu den zwei benachbarten Beams B1 und B2 gehören. Einer der Einzelstrahler wird durch beide Beams gemeinsam genutzt. Zu

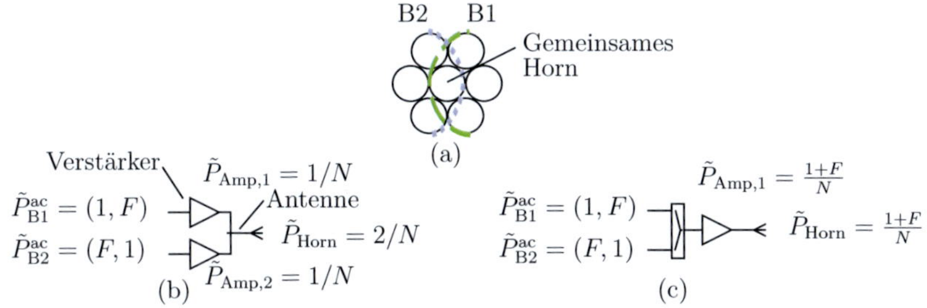

Abbildung 2.8: Von zwei Beams genutzte Speiseantenne b) ohne und c) mit gemeinsamen genutzten Verstärkern.

einem Zeitpunkt t_1 benötigt B1 eine normierte Leistung von $\tilde{P}^{\mathrm{ac}}_{\mathrm{B1}}(t_1) = 1$, B2 hingegen $\tilde{P}^{\mathrm{ac}}_{\mathrm{B2}}(t_1) \leq F$. Zu einem anderen Zeitpunkt t_2 ist $\tilde{P}^{\mathrm{ac}}_{\mathrm{B1}}(t_2) \leq F$ und $\tilde{P}^{\mathrm{ac}}_{\mathrm{B2}}(t_2) = 1$. Bei der Auslegung der Verstärker müssen beide Zustände berücksichtigt werden. Abbildung 2.8b zeigt ein Schaltbild für das gemeinsame Horn ohne mehrfach genutzte SSPAs. In diesem Beispiel sind die Beams B1 und B2 unterschiedlich polarisiert und die Verstärker speisen die beiden Eingänge des Polarisators der Antenne. Es wird angenommen, dass es sich um einen idealen Polarisator handelt und die Beams sich somit nicht gegenseitig beeinflussen. Jeder Beam wird durch N Speisehörner gebildet. Damit muss jeder Verstärker k zum Zeitpunkt t_i eine normierte Ausgangsleistung von $\tilde{P}^{\mathrm{ac}}_{\mathrm{Amp},k}(t_i) = \tilde{P}^{\mathrm{ac}}_{\mathrm{Bi}}(t_i)/N$ liefern. Werden die Zustände bei t_1 und t_2 berücksichtigt, ergibt sich ein Leistungsbedarf von $\tilde{P}_{\mathrm{Amp},k} = \max_{t_i} \tilde{P}^{\mathrm{ac}}_{\mathrm{Amp},k}(t_i) = 1/N$ pro Verstärker. Treten Verluste zwischen den Verstärkern und der Antenne auf, wird eine entsprechend größere Leistung benötigt. Eine Antenne n ohne gemeinsam genutzte Verstärker benötigt insgesamt eine normierte Verstärkerausgangsleistung von $\tilde{P}_{\mathrm{Horn},n} = \tilde{P}_{\mathrm{Amp},1} + \tilde{P}_{\mathrm{Amp},2} = 2/N$.

In Abbildung 2.8c wird ein Verstärker durch mehrere Beams gemeinsam genutzt. In diesem Fall haben die Beams dieselbe Polarisation, aber unterschiedliche Frequenzen. Die Signale der Beams werden vor der Verstärkung kombiniert. Da dies bei einer geringen Leistung geschieht, können die dabei auftretenden Verluste von mindestens 3 dB bei der Bestimmung der Ausgangsleistung vernachlässigt werden. Die kombinierte Leistung beider Beams ist für beide betrachtete Zustände $1 + F$. Da für diese Antenne nur ein Verstärker eingesetzt wird, ist $\tilde{P}_{\mathrm{Horn},n} = \tilde{P}_{\mathrm{Amp},1} = \frac{1+F}{N}$. Der Leistungsbedarf des gemeinsam genutzten Verstärkers ist also — abhängig von F — deutlich niedriger, als der der beiden Verstärker, die nicht gemeinsam genutzt werden.

Abbildung 2.9 zeigt eine verallgemeinerte Darstellung mehrfach genutzter Verstärker. Im folgenden werden Gleichungen für die in der Abbildung gezeigten Leistungsbedarfe hergeleitet. In der Darstellung gleicht der Gewinn der Verstärker die Verluste L_k des Ausgangsnetzwerkes aus. Für eine reale Anwendung müssen die Eingangsgrößen um den Verstärkergewinn verkleinert werden. In der Abbildung 2.9 ist der Signalpfad von Beam m über einen Verstärker zu Horn n hervorgehoben. Die gezeigten Größen werden im Folgenden eingeführt und erklärt.

Das Horn n wird durch $M_{\mathrm{Horn},n}$ Beams gemeinsam genutzt. Da nach den beschriebenen Annahmen zu jedem Zeitpunkt t_i nur einer der $M_{\mathrm{Horn},n}$ Beams die maximale Leistung

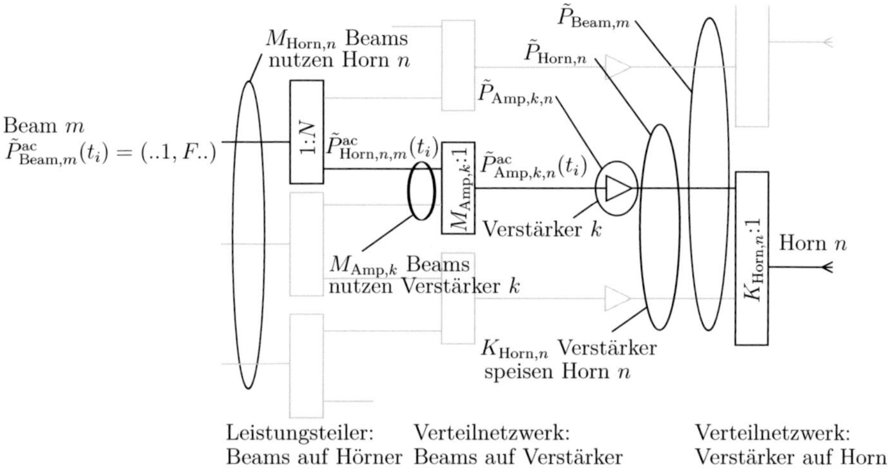

Abbildung 2.9: Verallgemeinertes Blockschaltbild zur Berechnung der Leistungsbedarfe. Der Signalpfad von Beam m über Verstärker k zu Horn n ist hervorgehoben.

braucht, ist die momentan benötigte (normierte) Sendeleistung für den Beam m

$$\tilde{P}^{\text{ac}}_{\text{Beam},m}(t_i) = \begin{cases} 1, & m = i \\ F, & m \neq i \end{cases} \tag{2.1}$$

mit $i = 1, 2, ..., M_{\text{Horn},n}$. Die Leistung des Beams wird durch einen Leistungsteiler auf N Hörner aufgeteilt. Somit benötigt das Horn n allein für den Beam m eine momentane Leistung von

$$\tilde{P}^{\text{ac}}_{\text{Horn},n,m}(t_i) = \frac{\tilde{P}^{\text{ac}}_{\text{Beam},m}(t_i)}{N}. \tag{2.2}$$

Der Verstärker k wird durch $M_{\text{Amp},k}$ Beams gemeinsam genutzt. Ein $M_{\text{Amp},k}$: 1-Verteilnetzwerk führt die Signale der Beams dem Verstärker zu. Die momentan benötigte Ausgangsleistung des Verstärkers k ist

$$\tilde{P}^{\text{ac}}_{\text{Amp},k,n}(t_i) = L_k \sum_{m=1}^{M_{\text{Amp},k}} \tilde{P}^{\text{ac}}_{\text{Horn},n,m}(t_i). \tag{2.3}$$

Dabei ist L_k die Dämpfung zwischen dem Verstärker und der Antenne.

Für die Auslegung der Verstärker müssen alle betrachteten Zeitpunkte t_i berücksichtigt werden. Für den Verstärker k ergibt sich ein normierter Leistungsbedarf von

$$\tilde{P}_{\mathrm{Amp},k,n} = \max_{t_i} \tilde{P}^{\mathrm{ac}}_{\mathrm{Amp},k,n}(t_i). \tag{2.4}$$

Der normierte Leistungsbedarf für die $K_{\mathrm{Horn},n}$ Verstärker, die Horn n speisen, ist zusammen

$$\tilde{P}_{\mathrm{Horn},n} = \sum_{k=1}^{K_{\mathrm{Horn},n}} \tilde{P}_{\mathrm{Amp},k,n}. \tag{2.5}$$

Der komplette Beam m hat damit einen normierten Leistungsbedarf von

$$\tilde{P}_{\mathrm{Beam},m} = \sum_{n=1}^{N} \frac{\tilde{P}_{\mathrm{Horn},n}}{M_{\mathrm{Horn},n}}. \tag{2.6}$$

Da $M_{\mathrm{Horn},n}$ Beams das Horn n gemeinsam nutzen, wird der Leistungsbedarf der Verstärker der einzelnen Hörner gleichmäßig auf diese Beams aufgeteilt. Bei einer regelmäßigen Anordnung der Beams ist der normierte Leistungsbedarf der Verstärker aller Beams $\tilde{P}_{\mathrm{Beam},m} = \tilde{P}_{\mathrm{Beam}}$. Einzig Beams, die am Rand der Speiseanordnung liegen, verfügen über weniger Nachbarn. Da hier weniger Verstärker gemeinsam genutzt werden, haben diese Beams in der Regel einen größeren Leistungsbedarf für ihre Verstärker. Um unterschiedliche Konzepte vergleichen zu können, wird dies vernachlässigt und $\tilde{P}_{\mathrm{Beam}}$ verwendet [79]. Eine verlustlose Speiseanordnung ohne gemeinsam genutzte Verstärker hat einen normierten Leistungsbedarf von $\tilde{P}_{\mathrm{Beam}} = 1$. Durch Mehrfachnutzung von Leistungsverstärkern kann trotz zusätzlicher Verluste ein geringerer Leistungsbedarf erzielt werden. Im Folgenden werden unterschiedliche Konzepte vorgestellt und verglichen.

Einfluss der Kreuzpolaren

Die Gleichungen 2.3 - 2.6 zeigen, dass Verluste, die zwischen SSPAs und Antennen auftreten, sich direkt auf den Leistungsbedarf auswirken. Bei MFB-Antennen, bei denen die Beams unterschiedliche Polarisationen verwenden, spielt die Kreuzpolarunterdrückung (XPD) eine ähnliche Rolle. Für einen gegebenen Beam ist sie das Verhältnis der Leistung der Welle mit der gewünschten Polarisation zu der Leistung der Kreuzpolaren, also der Welle mit der orthogonalen Polarisation. Der von einem Beam B_2 mit geringer Kreuzpolarunterdrückung erzeugte kreuzpolare Anteil wirkt als Störsignal auf den benachbarten Beam B_1. Die Kreuzpolarunterdrückung des störenden Beams ist

$$\mathrm{XPD}_2 = \frac{C_2}{I_2}. \tag{2.7}$$

Dabei ist I_2 die Leistung der von B_2 erzeugten Kreuzpolaren. Diese hat dieselbe Polarisation wie B_1 und wirkt hier als Störsignal. Die Störung ist unter den getroffenen Annahmen maximal, wenn der gestörte Beam B_1 eine normierte Leistung von F und der störende Beam B_2 eine normierte Leistung von 1 hat. Das Verhältnis der Trägersignale C_1 und C_2 von B_1 bzw. B_2 ist damit $\frac{C_1}{C_2} = F$.

Um die Empfangsqualität des gestörten Beams B_1 zu bestimmen, wird das CNR zum Träger-zu-Rausch-und-Interferenz-Verhältnis (CNIR) erweitert:

$$\mathrm{CNIR}_1 = \frac{C_1}{N_0 + I_2} = \frac{1}{\frac{N_0}{C_1} + \frac{I_2}{C_1}} = \frac{1}{\frac{N_0}{C_1} + \frac{I_2}{C_2}\frac{C_2}{C_1}} = \frac{1}{\frac{N_0}{C_1} + \frac{1}{\mathrm{XPD}_2 \cdot F}}. \tag{2.8}$$

In der Gleichung sind C_1 die Leistung des Trägers und N_0 die des Rauschens.

Der Einfluss der Kreuzpolaren soll bei gegebener XPD durch eine größere Trägerleistung ausgeglichen werden. Damit wirkt sich die Kreuzpolare ähnlich wie eine Dämpfung auf die Systemauslegung aus. Es wird daher im Folgenden der — physikalisch nicht korrekte — Begriff *Kreuzpolarverlust* verwendet. Ein Sender, der ohne Auftreten des störenden kreuzpolaren Anteils mit einer Trägerleistung C_0 ein äquivalentes CNR von

$$\mathrm{CNR}_0 = \frac{C_0}{N_0} \tag{2.9}$$

erreicht, benötigt nun eine um die Kreuzpolarverluste

$$L_{\mathrm{XP}} = \frac{C_1}{C_0} = \frac{1}{1 - \frac{\mathrm{CNR}_0}{\mathrm{XPD}_2 \cdot F}} \tag{2.10}$$

größere Sendeleistung. L_{XP} wird in Abbildung 2.10 über dem angestrebten CNR und der XPD für $F = 0{,}5$ aufgetragen. Beispielsweise liegen die Kreuzpolarverluste für XPD $= 22\,\mathrm{dB}$, $F = 0{,}5$ und $\mathrm{CNR}_0 = 10\,\mathrm{dB}$ bei etwa $L_{\mathrm{XP}} = 0{,}59\,\mathrm{dB}$. Bei der Berechnung des

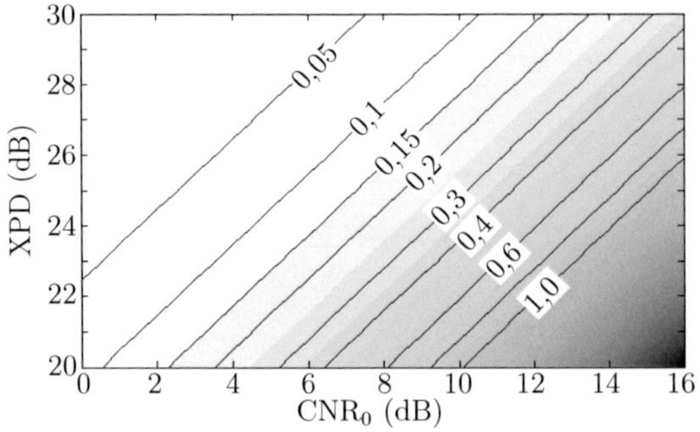

Abbildung 2.10: Kreuzpolarverluste in dB für $F = 0{,}5$ in Abhängigkeit von XPD und CNR.

Leistungsbedarfes werden die Kreuzpolarverluste zur Dämpfung der Schaltung zwischen Verstärker und Antenne hinzugezogen.

2.3.2 Konzepte für aktive MFB-Antennen

Im Folgenden werden mögliche Schaltungen für aktive MFB-Antennen vorgestellt und anhand des normierten Leistungsbedarfes für die Verstärker einzelner Beams verglichen. Es wird dabei von den in Abschnitt 2.2 beschriebenen Antennenanordnungen ausgegangen. Verluste, die bei allen Konzepten in der gleichen Weise auftreten, sind für den Vergleich unerheblich und werden daher nicht betrachtet.

Abbildung 2.11a zeigt die Anordnung der Hörner für ein (7/1)-Konzept. Jeder Beam verfügt über ein zentrales Horn. Von den übrigen Hörnern werden zwei gemeinsam mit Beams einer anderen Frequenz (DF) und vier mit Beams einer anderen Polarisation (DP) genutzt. DP-Hörner verfügen über je einen Eingang für die beiden zirkularen Polarisationen (RHCP und LHCP).

Schaltbilder für eine geringe und für eine hohe Anzahl mehrfach genutzter Verstärker werden in Abbildung 2.11b und c gezeigt. Für die DF-Hörner werden die Signale der unterschiedlichen Beams vor dem Verstärker kombiniert. Um die SSPAs auch für die DP-Hörner durch mehrere Beams nutzen zu können, wird in Abbildung 2.11c ein Matrixverstärker

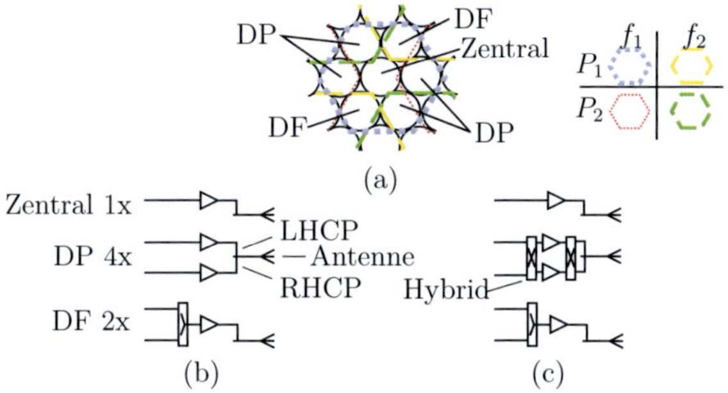

Abbildung 2.11: a) Anordnung der Speiseantennen für ein (7/1)-Konzept. Schaltung der zentralen Antenne und der Antennen mit zwei unterschiedlichen Frequenzen (DF) oder Polarisationen (DP) mit b) einer geringen und c) einer hohen Anzahl mehrfach genutzter SSPAs.

verwendet [81], [82]. Dieser kombiniert die Signale der beiden Beams vor den Verstärkern durch einen Hybridkoppler. Ein weiterer Koppler hinter den SSPAs trennt die Signale und führt sie den Eingängen des Polarisators der Antenne zu. Phasen- oder Amplitudenfehler der Hybridkoppler oder der SSPAs verringern die Isolation des Matrixverstärkers. Dies führt zu einer Anregung der Kreuzpolaren, die als Kreuzpolarverlust in die Berechnung der Leistungsbedarfe einbezogen wird. Durch Kalibrierverfahren kann die Isolation des Matrixverstärkers verbessert werden [83].

Der normierte Leistungsbedarf für die Verstärker eines Beams mit dem (7/1)-Konzept und einer geringen Anzahl mehrfach genutzter SSPAs berechnet sich zu

$$\tilde{P}_{\text{Beam},7/1,1} = \underbrace{\frac{1}{7}}_{\text{Zentrales Horn}} + 4 \cdot \underbrace{\frac{1+1}{2 \cdot 7}}_{\text{DP-Hörner}} + 2 \cdot \underbrace{\frac{1+F}{2 \cdot 7}}_{\text{DF-Höner}} = \frac{6+F}{7}. \tag{2.11}$$

Beim dem in Abbildung 2.11c gezeigten (7/1)-Konzept mit einer hohen Anzahl mehrfach genutzter SSPAs ist der normierte Leistungsbedarf

$$\tilde{P}_{\text{Beam},7/1,2} = \underbrace{\frac{1}{7}}_{\text{Zentrales Horn}} + 4 \cdot \underbrace{L_{\text{XP}} L_{\text{Hybrid}} \frac{1+F}{2 \cdot 7}}_{\text{DP-Hörner}} + 2 \cdot \underbrace{\frac{1+F}{2 \cdot 7}}_{\text{DF-Höner}} . \tag{2.12}$$

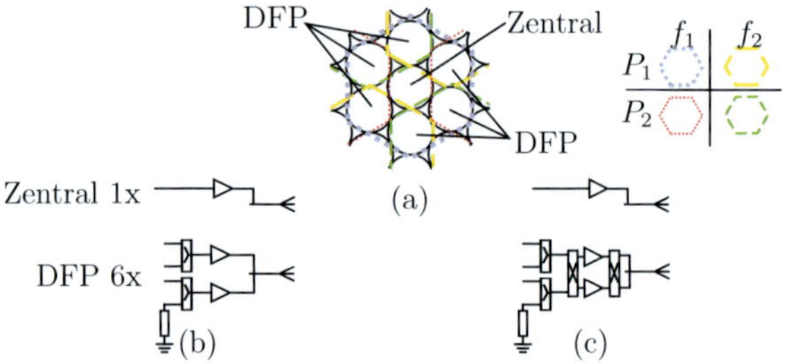

Abbildung 2.12: a) Anordnung der Speiseantennen für ein (7/2)-Konzept. Schaltung mit b) einer geringen und c) einer hohen Anzahl mehrfach genutzter SSPAs.

Dabei sind L_{Hybrid} die Dämpfung des Ausgangskopplers des Matrixverstärkers und L_{XP} die Kreuzpolarverluste. Es ist zu beachten, dass L_{XP} nach Gleichung 2.10 von F abhängt. Es wird angenommen, dass die Kreuzpolarunterdrückung XPD = 22 dB beträgt. Für einen Koppler in Hohlleitertechnik wird von Verlusten von $L_{\text{Hybrid}} = 0{,}15\,\text{dB}$ ausgegangen.

Bei dem in Abbildung 2.12 gezeigten (7/2)-Konzept werden die sechs Randhörner jedes Beams gemeinsam mit je zwei Nachbarbeams genutzt. Diese unterscheiden sich in Frequenz und Polarisation (DFP). Für die Schaltung aus Abbildung 2.12b mit einer geringen Anzahl mehrfach genutzter SSPAs ist der normierte Leistungsbedarf

$$\tilde{P}_{\text{Beam},7/2,1} = \underbrace{\frac{1}{7}}_{\text{Zentrales Horn}} + 6 \cdot \underbrace{\frac{2+F}{3 \cdot 7}}_{\text{DFP-Hörner}} . \tag{2.13}$$

Wird hingegen eine hohe Anzahl mehrfach genutzter SSPAs verwendet, ergibt sich

$$\tilde{P}_{\text{Beam},7/2,2} = \underbrace{\frac{1}{7}}_{\text{Zentrales Horn}} + \underbrace{6 \cdot L_{\text{XP}} L_{\text{Hybrid}} \frac{1+2F}{3 \cdot 7}}_{\text{DFP-Hörner}} . \tag{2.14}$$

Die Antenne des (6/1)-Konzeptes aus Abbildung 2.13 besteht aus DF- und DP-Hörnern. Werden wenige SSPAs mehrfach genutzt, ist der normierte Leistungsbedarf

$$\tilde{P}_{\text{Beam},6/1,1} = 2 \cdot \underbrace{\frac{1+1}{2 \cdot 6}}_{\text{DP-Hörner}} + 4 \cdot \underbrace{\frac{1+F}{2 \cdot 6}}_{\text{DF-Hörner}} , \tag{2.15}$$

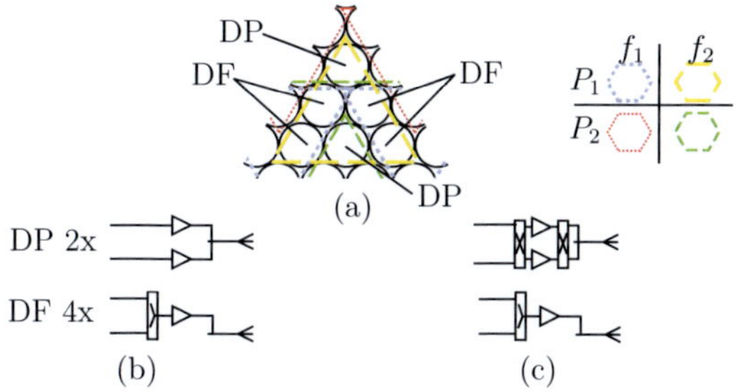

Abbildung 2.13: a) Anordnung der Speiseantennen für ein (6/1)-Konzept. Schaltung mit einer b) geringen und c) hohen Anzahl mehrfach genutzter SSPAs.

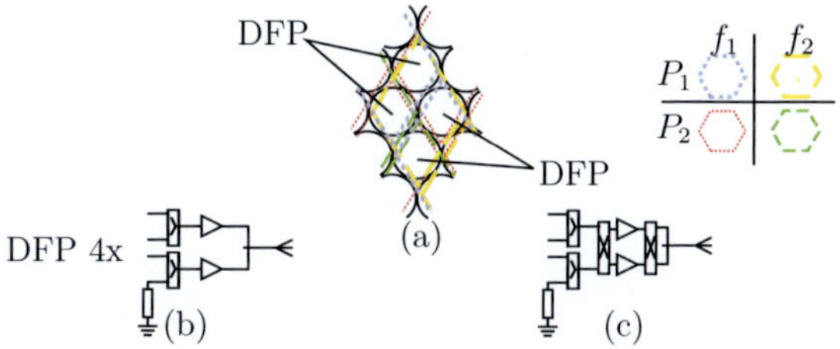

Abbildung 2.14: a) Anordnung der Speiseantennen für ein (4/2)-Konzept. Schaltung mit einer b) minimalen und c) maximalen Anzahl mehrfach genutzter SSPAs.

wird eine hohe Anzahl SSPAs mehrfache genutzt, gilt dagegen

$$\tilde{P}_{\text{Beam},6/1,2} = 2 \cdot \underbrace{L_{\text{XP}} L_{\text{Hybrid}} \frac{1+F}{2 \cdot 6}}_{\text{DP-Hörner}} + 4 \cdot \underbrace{\frac{1+F}{2 \cdot 6}}_{\text{DF-Hörner}} \,. \tag{2.16}$$

Das letzte betrachtete Konzept ist in Abbildung 2.14 dargestellt. Die (4/2)-Anordnung besteht aus DFP-Hörnern. Der normierte Leistungsbedarf bei einer geringen Mehrfachnutzung ist

$$\tilde{P}_{\text{Beam},4/2,1} = 4 \underbrace{\frac{2+F}{3 \cdot 4}}_{\text{DFP-Hörner}} \,, \tag{2.17}$$

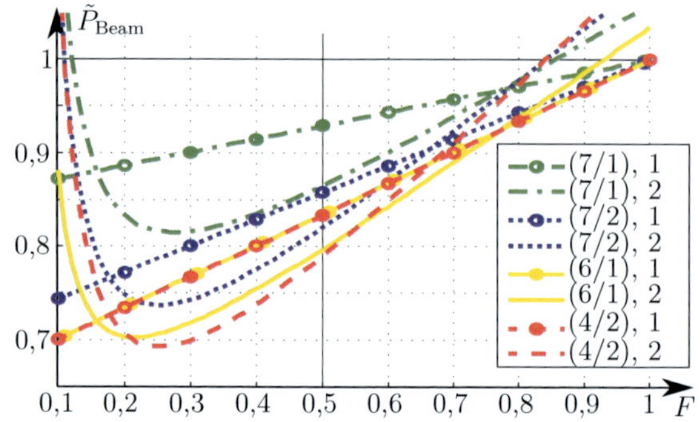

Abbildung 2.15: Normierter Leistungsbedarf der vorgestellten Überschneidungskonzepte unter Einbeziehung der Kreuzpolaren.

bei einer hohen Anzahl mehrfach genutzter SSPAs

$$\tilde{P}_{\text{Beam},4/2,2} = 4L_{\text{XP}}L_{\text{Hybrid}} \underbrace{\frac{1+2F}{3 \cdot 4}}_{\text{DFP-Hörner}} . \tag{2.18}$$

Da in diesem Konzept alle Antennen mehrfach genutzt werden, ergeben sich durch Mehrfachnutzung der SSPAs die größten Einsparpotentiale.

Die normierten Leistungsbedarfe für die SSPAs eines Beams sind in Abbildung 2.15 für die gezeigten Konzepte über F aufgetragen. Trotz der zusätzlichen Dämpfung durch die Matrixverstärker und Kreuzpolarverluste kann der Leistungsbedarf durch eine Mehrfachnutzung der SSPAs für $F < 0{,}8$ teilweise erheblich reduziert werden. Für $F = 0{,}5$ kann für große MFB-Antennen mit einem (4/2)-Konzept über 20%, mit einem (7/2)-Konzept über 15% gegenüber einer einfachen Auslegung, bei der jedem Beam die volle Leistung zur Verfügung steht, eingespart werden.

Die pro Horn benötigte SSPA-Leistung bei einer maximalen Sendeleistung von 25 W ist in Abbildung 2.16 aufgetragen. Bei Überschneidungskonzepten mit unterschiedlichen Leistungsbedarfen für unterschiedliche Speisehörner, wird der jeweils größte Wert gezeigt. Eine stärkere Überschneidung von benachbarten Beams und eine geringere Anzahl von Speiseantennen pro Beam führt zu einer höheren Beamdichte und damit zu einem höheren Leistungsbedarf pro Einzelantenne. Für die Leistungsverstärker eines Horns bei einem

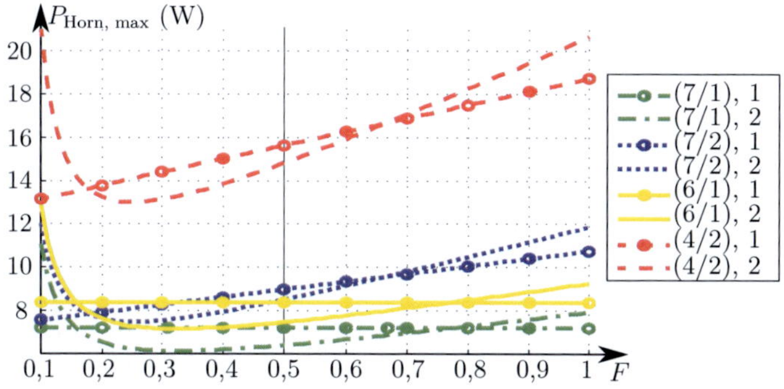

Abbildung 2.16: Maximaler Leistungsbedarf pro Einzelantenne für unterschiedliche Überschneidungskonzepte.

(4/2)-Konzept wird für $F = 0{,}5$ eine Ausgangsleistung von bis zu 15,6 W benötigt. Beim (7/2)-Konzept liegt der Bedarf hingegen bei maximal 8,9 W.

In Tabelle 2.2 sind die normierten Leistungsbedarfe der Verstärker pro Horn und pro Beam für die gezeigten Konzepte aufgelistet. In der Tabelle werden auch die absoluten Leistungsbedarfe der unterschiedlichen Hörner für $F = 0{,}5$ gezeigt. Dabei wird weiterhin von $L_{\text{Hybrid}} = 0{,}15\,\text{dB}$ und $L_{\text{XP}} = 0{,}59\,\text{dB}$ ausgegangen.

2.3.3 Auswahl und Fazit

Der Vergleich der Leistungsbedarfe zeigt, dass das (4/2)-Überschneidungskonzept das größte Einsparpotential bietet. Allerdings wird bei diesem Konzept auch die größte Leistung pro Einzelantenne und damit auch pro Verstärker benötigt. Das (6/1)-Konzept bietet ein ähnliches Einsparpotential bei einer deutlich geringeren Beam- und damit Leistungsdichte. Allerdings haben beide Konzepte einen gemeinsamen Nachteil: Unterschiedliche Beams der gleichen Farbe liegen direkt nebeneinander. Dies führt unweigerlich zu gegenseitigen Störungen am Rand der Beams. Bei den Konzepten mit sieben Hörnern pro Beam sind gleichfarbige Beams jeweils durch mindestens ein Horn voneinander getrennt, wodurch die gegenseitige Beeinflussung deutlich reduziert wird. Das (7/2)-Konzept lässt bei einer relativ geringen Leistungsdichte ebenfalls deutliche Einsparungen zu. Wie auch beim

Tabelle 2.2: Leistungsbedarf pro Horn und pro Beam für die unterschiedlichen Konzepte. Die absoluten Leistungsbedarfe gelten für eine maximale Sendeleistung von 25 W und $F = 0{,}5$

Konzept	$\tilde{P}_{\mathbf{Horn}}$	$P_{\mathbf{Horn}}$	$\tilde{P}_{\mathbf{Beam}}$	
(7/1), 1	Zentral: 1/7	3,6 W	0,93	(Gl. 2.11)
	DP: 1/7	7,1 W		
	DF: $\frac{1+F}{7}$	5,4 W		
(7/1), 2	Zentral: 1/7	3,6 W	0,86	(Gl. 2.12)
	DP: $L_{\text{XP}} L_{\text{Hybrid}} \frac{1+F}{7}$	6,3 W		
	DF: $\frac{1+F}{7}$	5,4 W		
(7/2), 1	Zentral: 1/7	3,6 W	0,86	(Gl. 2.13)
	DFP: $\frac{2+F}{7}$	8,9 W		
(7/2), 2	Zentral: 1/7	3,6 W	0,82	(Gl. 2.14)
	DFP: $L_{\text{XP}} L_{\text{Hybrid}} \frac{1+2F}{7}$	8,5 W		
(6/1), 1	DP: 2/6	8,3 W	0,83	(Gl. 2.15)
	DF: $\frac{1+F}{6}$	6,25 W		
(6/1), 2	DP: $L_{\text{XP}} L_{\text{Hybrid}} \frac{1+F}{6}$	7,4 W	0,79	(Gl. 2.16)
	DF: $\frac{1+F}{6}$	6,25 W		
(4/2), 1	DFP: $\frac{2+F}{4}$	15,6 W	0,83	(Gl. 2.17)
(4/2), 2	DFP: $L_{\text{XP}} L_{\text{Hybrid}} \frac{1+2F}{6}$	14,8 W	0,79	(Gl. 2.18)

(4/2)-Konzept werden nur DFP-Antennen benötigt. Der konzeptionelle Aufbau der aktiven Module ist also gleich. Für die folgenden Untersuchungen wird das (7/2)-Konzept verwendet. Es wird der in Abbildung 2.12b gezeigte Aufbau mit einer geringen Anzahl gemeinsam genutzter Verstärker verwendet. Für einen hohen Anteil mehrfach genutzter Leistungsverstärker werden SSPAs mit einer sehr geringen Streuung der Übertragungseigenschaften innerhalb einer Charge benötigt. Ansonsten führen die eingesetzten Matrixverstärker zu einer übermäßigen Anregung der Kreuzpolaren und damit zu deutlich größeren Kreuzpolarverlusten. Bei dem Konzept mit einer geringeren Mehrfachnutzung der SSPAs ist eine Verwendung von Leistungsverstärkern ohne vorherige Selektion für eine ausreichend geringe Streuung der Übertragungseigenschaften möglich. Zudem zeigen SSPAs im Forschung- bzw. Entwicklungsstadium erfahrungsgemäß eine größere Streuung als solche, die für den kommerziellen Einsatz hergestellt werden. Die Wahl eines Konzeptes ohne Matrixverstärker erleichtert damit die spätere Auswahl der Leistungsverstärker. Die Betrachtungen zur Technologie, zur Integration der Komponenten und zum Thermalmanagement sind allerdings unabhängig von der Wahl des Überschneidungskonzeptes.

2.3.4 Exkurs: Antennen mit elektronischer Strahlschwenkung

Bei den bisher betrachteten Antennen befinden sich die Einzelantennen in der Fokalebene des Reflektors. Die Beams können durch Schwenken des Reflektors bewegt werden. Da die Speiseanordnung nicht mitbewegt wird, müssen Phasen und Amplituden der Anregung der Einzelantennen nachgestellt werden, um eine homogene Ausleuchtung der Serviceregion zu gewährleisten.

Im Gegensatz dazu sind direktstahlende Arrays [47] und sog. *Imaging Phased Arrays* [84] in der Lage, die Beams unabhängig voneinander durch elektronische Strahlschwenkung zu bewegen. Jeder Beam wird dabei von einer deutlich größeren Anzahl von Einzelstrahlern gebildet als in den in Abschnitt 2.2 vorgestellten Konzepten [59]. Auch werden alle Speiseantennen von allen Beams gemeinsam verwendet. Abbildung 2.17 zeigt ein Blockschaltbild einer solchen aktiven Array-Antenne mit N Einzelstrahlern. Die Komponenten, die für einen Beam benötigt werden, sind in der Skizze hervorgehoben. Jeder Einzelstrahler wird von einem aktiven Modul gespeist, das SSPAs enthält. Um gleichzeitig M Beams erzeugen zu können, werden M $1:N$-Leistungsteiler benötigt. Da die Beams unabhängig voneinander einstellbar sind, verfügt jeder Beam über N Phasen- und Amplitudensteller. Es sind somit $M \times N$ Stellglieder notwendig. In dem gezeigten Schaltbild werden Matrixverstärker verwendet, um die SSPAs gemeinsam durch Beams mit unterschiedlicher Polarisation nutzen zu können. In jedem aktiven Modul werden die Signale für die beiden Polarisationen durch je ein $(M/2)$:1-Kombiniernetzwerk zusammengeführt und an je einen der beiden Eingänge des Matrixverstärkers gelegt. Für realistische Szenarien werden mehrere hundert Einzelstrahler benötigt, um den gewünschten Antennengewinn zu erreichen [85]. Der Aufbau der Einzelantennen und die Anordnung der SSPAs in den aktiven Modulen unterscheidet sich dennoch nicht wesentlich von den vorher beschriebenen Aufbauten (bspw. Abbildung 2.5), sodass die Untersuchungen der folgenden Kapitel zu großen Teilen auch für Multi-Beam-Antennen mit elektronischer Strahlschwenkung Gültigkeit haben.

Wie bei den vorherigen Betrachtungen wird davon ausgegangen, dass bei einem Vier-Farben-Schema für ca. ein Drittel aller Beams die maximale Leistung benötigt wird. Für die übrigen Beams wird jeweils die normierte Leistung F benötigt. Die normierte Aus-

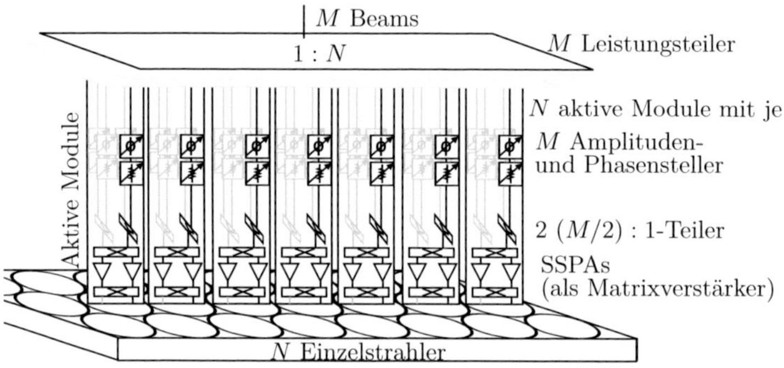

Abbildung 2.17: Antenne für aktives Array mit M Beams und N Einzelstrahlern.

gangsleistung der Verstärker eines Einzelstrahlers ist damit

$$\tilde{P}_{\text{Horn}} = \frac{L}{N} M \left(\frac{1}{3} + \frac{2}{3} F \right). \tag{2.19}$$

Die Verluste L setzen sich auch hier aus der Dämpfung der Hybridkoppler an den Ausgängen der Matrixverstärker und den Kreuzpolarverlusten zusammen. Da alle Einzelstrahler gleich aufgebaut sind, vereinfacht sich Gleichung 2.6 zu

$$\tilde{P}_{\text{Beam}} = N \frac{\tilde{P}_{\text{Horn}}}{M} = L \left(\frac{1}{3} + \frac{2}{3} F \right). \tag{2.20}$$

Der normierte Leistungsbedarf ist damit unabhängig von der Anzahl der Einzelantennen und identisch zu dem in Abbildung 2.14c gezeigten (4/2)-Konzeptes. Die in [85] vorgestellte Antenne mit $N = 256$ erreicht einen ähnlichen Gewinn wie die bisher betrachtete Reflektorantenne. Werden weiterhin $M = 37$ Beams gefordert und auch für diesen Aufbau bei $F = 0{,}5$ Verluste von 0,74 dB durch Hybridkoppler und die Anregung der Kreuzpolaren angenommen, beträgt die Ausgangsleistung der Verstärker jedes Einzelstrahlers $P_{\text{Horn}} = L_{\text{XP}} L_{\text{Hybrid}} 25\,\text{W}/256 \cdot 37 \left(\frac{1}{3} + \frac{2}{3} F \right) \overset{F=0{,}5}{=} 5\,\text{W}$. Die vergleichsweise geringe Leistung pro Einzelstrahler und der niedrige normierte Leistungsbedarf machen direktstrahlende Arrays attraktiv. Allerdings werden Leistungseinsparung und hohe Flexibilität durch eine deutlich erhöhte Komplexität des Strahlformungsnetzwerkes und der Stellkomponenten erkauft. In diesem Beispiel werden 37 1 : 256-Teiler sowie je 9472 Phasen- und Amplitudensteller benötigt. Dieser Schaltungsaufwand kann bei ausreichend hoher verfügbarer

Rechenleistung auf dem Satelliten auch digital realisiert werden. Hierzu werden allerdings eine erhebliche Rechenleistung und eine große Anzahl Digital-Analog-Wandler benötigt.

3 Technologieauswahl

In diesem Kapitel werden Technologien und Komponenten für den Einsatz in einer aktiven MFB-Antenne verglichen. Die wesentlichen Eigenschaften werden eingeführt und beschrieben. Davon ausgehend wird festgelegt, in welcher Technologie die einzelnen Bestandteile der Antenne realisiert werden.

3.1 Aufbau- und Verbindungstechnik

Die Wahl einer geeigneten Aufbau- und Verbindungstechnik hängt von diversen Faktoren ab. So sind die geforderte Integrationsdichte, die nötigen thermischen Eigenschaften oder eine geringe Dämpfung der HF-Signale nicht mit jeder Technologie erreichbar. Da selbst innerhalb eines Systems unterschiedliche Anforderungen gestellt werden, erfolgt die Auswahl der Aufbau- und Verbindungstechnik komponentenabhängig. Dies macht den Entwurf von Übergängen zwischen den Baugruppen notwendig. Bei der Wahl der Technologie muss auch die Kompatibilität zwischen den Komponenten gewährleistet sein. Dabei muss insbesondere die thermische Ausdehnung beachtet werden [86].

3.1.1 Hohlleiter

Hohlleiter gehören zu den am längsten technisch genutzten Leitungen für elektromagnetische Wellen [87]. Ein Grund für die frühe Verbreitung dieser Technologie ist die gute mathematische Beschreibbarkeit. Für viele Komponenten in Hohlleitertechnik sind analytische Lösungen der Feldgleichungen bekannt [88]. Heute werden Hohlleiter immer dann eingesetzt, wenn eine sehr geringe Dämpfung [89] oder eine hohe Leistung gefordert wird [90].

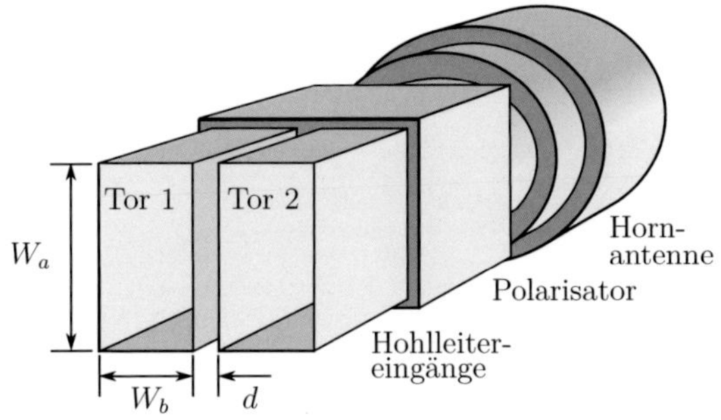

Abbildung 3.1: Anordnung der Hohlleiterkomponenten.

Nachteile der Hohlleitertechnologie gegenüber anderen Leitungstypen sind die geringe Integrationsdichte, das hohe Gewicht und ein hoher Herstellungsaufwand.

Das Ziel bei der Entwicklung aktiver MFB-Antennen ist es daher so wenige Hohlleiterkomponenten wie möglich einzusetzen. Im Bereich der hohen Leistung nach den Leistungsverstärkern müssen die Verluste allerdings so gering wie möglich sein. Daher wird für die Antennen und Polarisatoren auf Hohlleitertechnik zurückgegriffen. Die Anordnung dieser Hohlleiterkomponenten ist in Abbildung 3.1 dargestellt. Die Einzelantennen werden als gestufte Rundhohlleiter-Hornantennen ausgeführt [44]. Septumpolarisatoren eignen sich aufgrund ihrer kompakten Bauweise für die Erzeugung der zirkularen Polarisation. Ein solcher Polarisator ist in Abbildung 3.2 dargestellt. Die beiden parallel geführten Hohlleiter an den Toren 1 und 2 werden entlang des Septums in den quadratischen Wellenleiter an Tor 3 überführt. Die linear polarisierten Moden an den beiden Eingängen werden dabei in entgegengesetzt zirkular polarisierte Wellen am Ausgang transformiert [91]. Für die Frequenzen im K-Band werden die Hohlleitereingänge im WR51-Standard mit den Maßen $W_a = 12{,}954\,\text{mm}$ und $W_b = 6{,}477\,\text{mm}$ ausgeführt. Der Abstand d zwischen den Hohlleitern beträgt 0,75 mm.

Hohlleiterstrukturen werden üblicherweise durch Fräsen oder Erodieren aus metallischen Körpern, häufig aus Aluminium, gefertigt. Um den Hohlraum im Inneren herzustellen, werden die Werkstücke dabei in der Regel aus zwei Hälften zusammengesetzt und anschließend verschraubt. Als Alternative zu diesen subtraktiven Verfahren wird seit einigen Jahren intensiv an additiven Herstellungsmethoden geforscht. Selektives Lasersintern (SLS) ist ei-

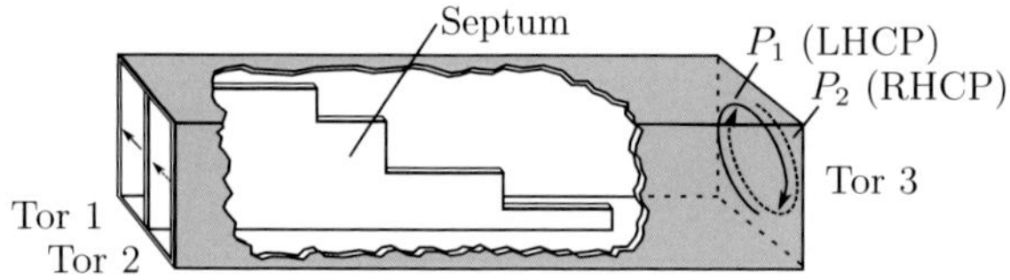

Abbildung 3.2: Beispiel für einen Septum-Polarisator in Hohlleitertechnik zum Erzeugen zirkular polarisierter Wellen.

ne Methode, mit der komplexe dreidimensionale Metallstrukturen erzeugt werden können. Dabei wird ein Metallpulver schichtweise mit einem Laser gesintert. So können selbst Hohlräume mit Strukturen im Inneren in einem Arbeitsschritt gefertigt werden. SLS eignet sich für die Herstellung unterschiedlicher Hohlleiterkomponenten [41], [92], [93]. Ein weiteres Verfahren, das für die additive Fertigung von Hohlleitern eingesetzt werden kann, ist der 3D-Druck von Kunststoffen [94]. So hergestellte Werkstücke müssen anschließend leitfähig beschichtet werden. Um eine hohe elektrische Leitfähigkeit zu erreichen, wird dabei auf chemische oder galvanische Metallisierungsprozesse zurückgegriffen [94], [95]. Die Schichtdicke der Metallisierung sollte deutlich über der Skin-Eindringtiefe bei der niedrigsten Arbeitsfrequenz liegen. Mit dieser Technologie können bis in den Hundert-Gigahertz-Bereich vergleichbare HF-Eigenschaften wie durch substraktive Verfahren erzielt werden [96]. Aus Kunststoff hergestellte Hohlleiter sind deutlich leichter als Vollmetall-Komponenten. Allerdings haben sie eine geringe thermische Stabilität und Leitfähigkeit.

3.1.2 Planare Technologie

Unter dem Begriff der planaren Technologie werden Verfahren zusammengefasst, mit denen zwei- oder zweieinhalb-dimensionale Schaltungen hergestellt werden. Leiterplatten (PCBs), monolithisch integrierte Mikrowellenschaltungen (MMIC) und Gehäuse für Halbleiter (engl. *Packages*) sind Beispiele für planare Schaltungen. Auch wenn sich die Verfahren zur Herstellung erheblich unterscheiden können, haben alle planaren Komponenten gemeinsam, dass sie aus flachen dielektrischen Substraten hergestellt werden. Durch Aufbringen und Strukturieren von metallischen Lagen auf der Ober- und Unterseite der Substrate werden Leiterbahnen hergestellt. Durchkontaktierungen (Vias) verbinden diese Metalllagen. Werden mehrere Substratschichten gestapelt, können Mehrlagenschaltungen

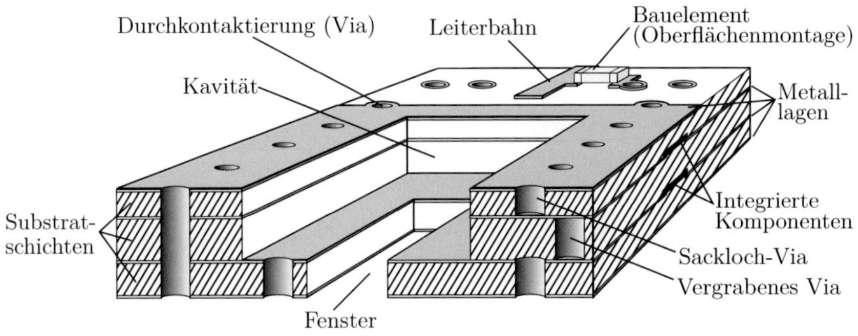

Abbildung 3.3: Beispiel einer planaren Mehrlagenschaltung mit Kavität.

hergestellt werden. Abbildung 3.3 zeigt schematisch eine solche Schaltung. In die einzelnen Schichten können Öffnungen geschnitten werden, wodurch Fenster, Kavitäten oder Kanäle im fertigen Mehrlagenaufbau erzeugt werden [97], [98]. Komplexe dreidimensionale Strukturen können durch Verwendung von Leitungen auf mehreren Lagen und Vias angenähert werden. Passive Bauelemente und Halbleiterkomponenten werden in der Regel auf der Oberfläche der Schaltungen oder in Kavitäten montiert. Eine höhere Integrationsdichte wird erreicht, wenn diese Komponenten direkt in die Mehrlagenschaltung integriert werden. Konzentrierte Elemente, wie Widerstände und Kondensatoren, können durch Einbringen von Materialien mit einer geringen Leitfähigkeit oder einer hohen Permittivität direkt auf planaren Schaltungen erzeugt werden [99]. So können höchste Integrationsdichten erzielt werden. Die verfügbaren Prozesse und Möglichkeiten unterscheiden sich dabei zwischen den Technologien erheblich. Schaltungen, die auf die Oberflächen beliebig geformter Strukturen aufgebracht werden [100], gehören nach der hier benutzten Definition nicht zur planaren Technologie und werden nicht weiter betrachtet.

Im Folgenden werden die Möglichkeiten, Vor- und Nachteile unterschiedlicher planarer Schaltungstechniken dargestellt. Anhand der technologischen Anforderungen aktiver MFB-Antennen werden Technologien für die weiteren Untersuchungen ausgewählt. Aufgrund unterschiedlicher Anforderungen wird dabei zwischen den $1 : N$-Leistungsteilern, den aktiven Modulen und den Gehäusen für die SSPAs, die auf den Modulen aufgebracht werden, unterschieden.

Tabelle 3.1: Übersicht über planare Technologien für Mehrlagenaufbauten (nach [86], [101]–[104]).

Technologie	ε_r	Verarbeitungstemp.	Leiter	Prozess, Möglichkeiten
PCB	2 - 10	180 - 280 °C	Cu	Lithographischer Prozess, Integrierte passive und aktive Komponenten
LCP	2,9-3,2	280 - 320 °C	Cu	Lithographischer Prozess, Integrierte passive Komponenten, Quasihermetisch
HTCC	7 - 10	1450 - 1880 °C	W, Mo, Pt	Siebdruck-Prozess, Hermetisch
LTCC	3,5 - 9	850 - 1000 °C	Au, Ag, Cu	Siebdruck-Prozess, Lithographischer Prozess, Integrierte passive Komponenten, Hermetisch

In Tabelle 3.1 werden vier typische Technologien für mehrlagige planare Schaltungen verglichen. Nach den verwendeten Dielektrika können die nach diesen Verfahren hergestellten Aufbauten in keramische und organische Schaltungen eingeteilt werden. Zu den keramischen gehören die *Low Temperature Cofired Ceramics* (LTCC)- und *High Temperature Cofired Ceramics* (HTCC)-Technologie. Als organisch werden hier (Standard-)Leiterplattentechnik (*engl. Printed Circuit Board*, PCB) und Flüssigkristall-Polymer (*engl. Liquid Crystal Polymer*, LCP)-Technologie bezeichnet.

Organische Mehrlagenaufbauten können durch vergleichsweise einfache Leiterplattenprozesse gefertigt werden [105]. Als Grundlage dienen beidseitig metallisierte Substratfilme. In der Regel wird Kupfer als Leiter verwendet. Leiterbahnen werden durch fotolithographische Ätzprozesse hergestellt. Seltener und tendenziell für Prototypenaufbauten werden die Leiterbahnen auch durch Fräs- oder Laserbearbeitung erzeugt [106]. Die einzelnen Schichten der Mehrlagenschaltung werden durch Substratkleber verbunden. Dieser liegt gewöhnlich als Film in einer ähnlichen Dicke wie die Substrate vor. Unter Druck und Wärmezufuhr wird der Kleber ganz oder teilweise aufgeschmolzen. Nach dem Abkühlen und Aushärten wird so eine feste Verbindung der Lagen erreicht. Der Substratkleber sollte eine ähnliche Permittivität und einen ähnlichen Wärmeausdehnungskoeffizienten (CTE) wie das verwendete Substrat besitzen. Durchkontaktierungen werden durch Bohren und galvanisches

Metallisieren hergestellt. Für Standard-PCBs können je nach Hersteller und gewünschten Eigenschaften Substrate auf Basis von Epoxid-Harz, Polytetrafluorethylen (PTFE), Polyetheretherketon (PEEK) oder anderen organischen Stoffen verwendet werden. Diese beinhalten häufig Partikel oder Fasern aus Glas oder Keramik. So können relative Permittivitäten zwischen etwa zwei und über zehn erreicht werden. Die geringen Verarbeitungstemperaturen ermöglichen die Integration von passiven [107] und sogar aktiven Komponenten [108] in den Mehrlagenaufbau. Eine Sonderstellung in der Gruppe der organischen Leiterplatten haben LCP-Aufbauten inne. Hier wird anstelle eines speziellen Substratklebers ein LCP mit einem geringeren Schmelzpunkt als bei den übrigen Substraten verwendet. Die elektrischen Eigenschaften beider LCP-Materialien sind dabei identisch [109]. Zudem neigt LCP im Gegensatz zu gewöhnlichen Substratklebern nicht dazu, während der Herstellung in Kavitäten und Hohlräume zu fließen und diese zuzusetzen. Das macht es besonders geeignet, Gehäuse für Halbleiterkomponenten herzustellen. Anders als mit gewöhnlichen PCB-Materialien können mit LCP nahezu hermetisch dichte Gehäuse gefertigt werden [110].

Der ältere der beiden Mehrlagen-Keramikprozesse ist der HTCC-Prozess. Diese Technologie wird seid den 1970er Jahren eingesetzt [101]. Wie der Name *High Temperature Cofired Ceramics* (Hochtemperatur-Einbrand-Keramik) andeutet, werden Keramik und Leiterbahnen gemeinsam gesintert. Auf die einzelnen ungesinterten Keramikschichten werden Leiterbahnen aus metallhaltigen Pasten durch Siebdruck aufgebracht. Vias werden gestanzt, mit Metallpasten gefüllt, und Kavitäten werden in die Keramik geschnitten. Die so vorbereiteten Schichten werden gestapelt und in einem einzigen Schritt unter Druck gesintert. In diesem Verfahren können komplexe zweieinhalb-dimensionale Schaltungen mit vergrabenen und Sackloch-Vias sowie einer großen Anzahl metallischer Lagen hergestellt werden. Nachteilig sind die hohen Temperaturen, die zum Sintern der Keramik benötigt werden. Damit kommen nur wenige Metalle für die Leiterbahnen in Frage. Beispiele sind Wolfram, Molybdän oder Platin. Wegen deren geringer Leitfähigkeit werden die Leiterbahnen häufig nach dem Sintern galvanisch mit Nickel und Gold beschichtet. Die Möglichkeit, Keramiken mit einer sehr hohen Wärmeleitfähigkeit verwenden zu können [101], macht den HTCC-Prozess gerade für Anwendungen in der Leistungselektronik attraktiv.

LTCC wird seit den späten 80er Jahren verwendet [111]. Im Gegensatz zum HTCC-Prozess erfolgt die Verarbeitung bei deutlich niedrigeren Temperaturen. Dies ermöglicht die Nutzung von Metallen mit einer hohen Leitfähigkeit wie Silber, Gold oder Kupfer [101]. Auch können integrierte passive Komponenten wie Widerstände und Kondenstoren hergestellt werden [99]. Dazu werden resistive oder dielektrische Pasten auf die ungesinterten Schichten gedruckt. Diese werden gemeinsam mit der Keramik und den Leiterbahnen gesintert. Durch eine Kombination von Siebdruck- und Lithographie-Prozess ist eine feinere Strukturierung der Leiterbahnen möglich als in HTCC-Prozessen [99], [111], [112]. Inzwischen ist die LTCC-Fertigung ein weit verbreiteter Prozess. Mobilfunk-Frontends [113], [114], Sensoren [115], [116] und Aktuatoren [117] sind nur einige Beispiele für die Anwendung von LTCC. Der Einsatz von Pasten und Filmen mit piezoelektrischem [118] oder nicht-reziprokem [119] Verhalten ist Gegenstand aktueller Forschung. Gerade für Weltraumanwendungen ist eine hermetische Kapselung empfindlicher Halbleiterkomponenten eine Anforderung [120]. Beide Mehrlagenkeramikprozesse eignen sich für die Herstellung hermetisch abgeschlossener Gehäuse [99], [121].

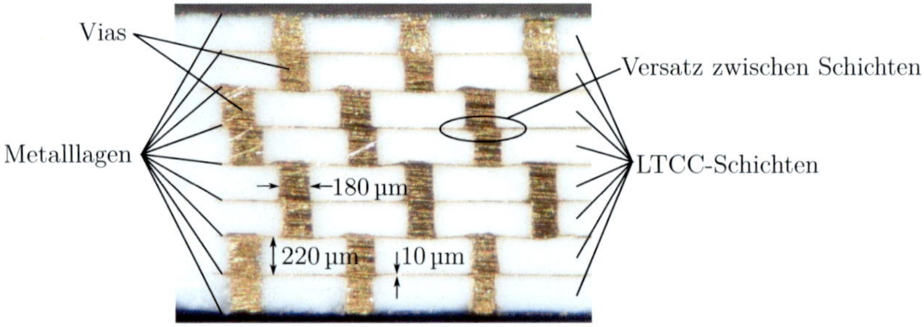

Abbildung 3.4: Schliffbild eines LTCC-Aufbaus mit neun Metalllagen und Vias.

Abbildung 3.4 zeigt ein Schliffbild einer Mehrlagenschaltung in LTCC-Technik. Der Aufbau besteht aus acht Keramikschichten und neun Metalllagen. Die Lagen haben eine Dicke von ca. 10 µm. Es werden Vias mit einem Durchmesser von 180 µm verwendet. Die Metallisierung wird mit Goldpasten hergestellt. Bei der Keramik handelt es sich um *DuPont 9k7®* mit einer Schichtdicke von ca. 220 µm. Die Metallisierung der beiden Außenlagen ist etwas dicker als bei den Innenlagen. Der Grund hierfür ist, dass nach dem Sintern des Mehrlagenaufbaus eine weitere Metallpaste auf die Oberflächen gedruckt und in einem separaten Arbeitsschritt gebrannt wurde. Auf den so hergestellten Flächen können Bauteile mit Zinnloten aufgelötet werden. Es ist auch zu erkennen, dass die einzelnen Keramik-

Tabelle 3.2: Thermische Eigenschaften unterschiedlicher Materialien (nach [86], [122], Datenblätter der Hersteller; i.d.R für eine Temperatur von 300K).

Material	κ (W/(K·m))	CTE (ppm/K)
Si	125	3
GaAs	54	6
GaN	160	5,5
SiC	370	3
Roger RO4003C® (PCB)	0,71	$\leq 14_{XY}$, 46_Z
Roger ULTRALAM® 3850 (LCP)	0,2	$\leq 17_{XY}$, 150_Z
HTCC	15 - 240	3,3 - 7
DuPont 9k7® (LTCC)	4,6	4,4
Aluminium	230	23
Kupfer	383	17
Gold	318	14
WCu (80/20)	200	8,3
MoCu	150	7,2
Kovar®	17	5,3

schichten nicht perfekt zueinander ausgerichtet sind. Dies führt zu einem Versatz zwischen den Vias in der dritten und vierten Schicht.

Die Eignung einer bestimmten Technologie für eine Aufgabe hängt neben den Möglichkeiten des jeweiligen Prozesses und den resultierenden elektrischen Eigenschaften auch vom thermischen bzw. thermomechanischen Verhalten der Schaltungen ab. In Tabelle 3.2 sind die Wärmeleitfähigkeit κ und der Wärmeausdehnungskoeffizient (CTE) für unterschiedliche Werkstoffe aufgetragen. Die Tabelle ist in drei Gruppen geteilt. In der ersten Gruppe sind einige Halbleitermaterialien aufgetragen. Die für die Herstellung von MMICs eingesetzten Materialien Galliumarsenid (GaAs), Galliumnitrid (GaN) und Siliziumcarbid (SiC) sind dabei von besonderem Interesse. In der zweiten Gruppe sind Substrate für Mehrlagenschaltungen aufgelistet. Mit Ausnahme von HTCC wird dabei jeweils ein Beispiel angegeben. Die dritte Gruppe besteht aus Metallen. Der CTE der Keramiken stimmt relativ gut mit dem der Halbleitermaterialien überein. Keramik eignet sich damit gut als Gehäusematerial für MMICs, da bei Erwärmung oder Abkühlung nur geringe mechanische Spannungen auftreten. Gerade für die Integration von SSPAs ist darüber hinaus eine hohe Wärmeleitfähigkeit erforderlich, um die Verlustwärme abzuführen und die Temperatur gering zu halten. Während die Leitfähigkeit der HTCC-Substrate vergleichbar mit der vieler Metalle ist, müssen bei LTCC und besonders organischen Substraten Maßnahmen zur Verbesserung der Wärmeabfuhr getroffen werden. Die wirkungsvollsten Methoden sind die Verwendung thermischer Vias unterhalb der SSPAs [123] und der Einsatz metallischer Sockel, die in das Gehäuse eingelassen werden [124]. Letztere erreichen sehr geringe Wärmewiderstände, da der Wärmestrom des MMIC über den Sockel direkt an Kühlkörper außerhalb des Gehäuses geleitet wird. Allerdings müssen die Sockel aus Metallen gefertigt werden, deren CTE sowohl mit dem des MMIC als auch des Gehäuses kompatibel ist. Daher werden häufig Wolfram-Kupfer (WCu)- oder Molybdän-Kupfer (MoCu)-Sinterwerkstoffe zusammen mit LTCC eingesetzt. Für die Integration der SSPAs in der MFB-Antenne werden potentiell hermetisch dichte Gehäuse mit einem geringen Wärmewiderstand benötigt. Ein Aufbau in LTCC mit metallischen Sockeln für die Wärmeabfuhr ist eine vielversprechende Variante.

Die Hohlleiterstrukturen der aktiven MFB-Antenne werden aus Aluminium gefertigt [44]. Der deutliche Unterschied des CTE zu dem der vorgestellten Keramikwerkstoffe erschwert den Entwurf von Übergängen zwischen Hohlleitern und planaren keramischen Schaltungen. Zum einen müssen erhöhte Toleranzen durch die unterschiedliche thermische Ausdehnung berücksichtigt werden. Zum anderen ist die harte und spröde Keramik kaum in der Lage, mechanische Spannungen aufzunehmen. Starre Verbindungen zwischen Aluminium und Keramik sollten daher vermieden werden. Im Gegensatz dazu sind die meisten PCB-Werkstoffe relativ weich und können problemlos mit Aluminium-Hohlleitern in Verbindung gebracht werden.

Die aktiven Module sollen daher aus einem passiven Träger in organischer Leiterplattentechnik und den keramischen Gehäusen der SSPAs zusammengesetzt werden. Der Träger dient dabei der Signalführung und enthält die Hohlleiterübergänge. Auch die Verteilnetzwerke mit den $1 : N$-Teilern werden in Standard-PCB-Technologie gefertigt. Aufgrund der relativ einfachen Prozesse wird das Substrat RO4003C von *Rogers* eingesetzt.

3.2 Leitungstypen

Innerhalb der planaren Schaltungstechnik gibt es eine Vielzahl von Leitungstypen zum Führen hochfrequenter Signale. Ein guter Überblick und detaillierte Beschreibungen un-

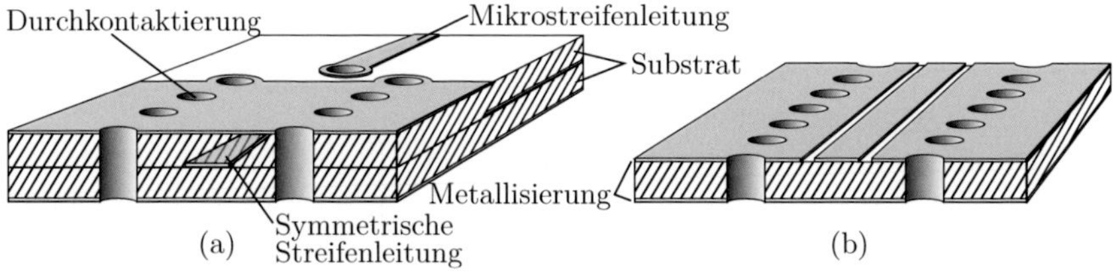

Abbildung 3.5: Planare Leitungen: a) Streifenleitung (symmetrische Streifenleitung und Mikrostreifenleitung) und b) Koplanarleitung (CPW).

terschiedlicher Leitungen werden in [125] gegeben. Abbildung 3.5 zeigt die am häufigsten verwendeten Leitungstypen. In Abbildung 3.5a werden zwei Arten von Streifenleitung gezeigt. Die Mikrostreifenleitung befindet sich bei Mehrlagenaufbauten auf einer der äußeren Metalllagen. Unterhalb der Leitung befindet sich eine geschlossene metallische Massefläche. Elektromagnetische Felder werden sowohl im Substrat als auch außerhalb der Leiterplatte geführt. Die symmetrische Streifenleitung befindet sich auf einer Innenlage und ist von geschlossenen metallischen Masseflächen und häufig von Durchkontaktierungen umgeben. Damit ist dieser Leitungstyp vollständig gegen Einflüsse von Außerhalb geschirmt.

Ein weiterer populärer Leitungstyp ist die in Abbildung 3.5b gezeigte Koplanarleitung (CPW). Bei dieser werden Masseflächen in der gleichen Metalllage (koplanar) wie der mittlere Leiter geführt. Bei der dargestellten Variante befindet sich — wie bei der Mikrostreifenleitung — eine weitere Massefläche unterhalb der Leitung. Der wesentliche Vorteil der CPW gegenüber Streifenleitungen ist die Möglichkeit, oberflächenmontierte Bauelemente direkt mit der Leitung und der Massefläche verbinden zu können. Auf MMICs werden häufig CPWs verwendet. Daher werden zum Kontaktieren von MMICs oft auch auf Leiterplatten CPWs eingesetzt.

Ein relativ neuer planarer Leitungstyp ist der substratintegrierte Wellenleiter (SIW). Dieser ist seit 2001 bekannt [126] und wird seither für eine Vielzahl unterschiedlicher Anwendungen eingesetzt. So wurden unter anderem Antennenarrays [127], Sensoren [128], Filter [129], Koppler [130], [131] oder reflexionsarme Abschlüsse [132]–[134] in SIW-Technik entwickelt. Der Aufbau eines SIW ist in Abbildung 3.6 dargestellt: Ein dielektrisches Substrat ist auf der Ober- und Unterseite mit geschlossenen metallischen Flächen bedeckt und mit zwei Reihen Vias versehen. Der Durchmesser der Vias ist d, der Abstand zwischen ihnen p

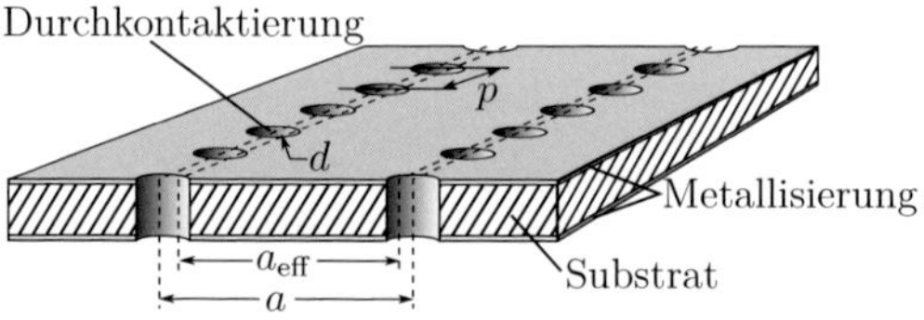

Abbildung 3.6: Substrat-integrierter Wellenleiter (SIW).

und der Abstand zwischen den Reihen a. Durchkontaktierungen und Metallflächen bilden zusammen eine Struktur, die sich annähernd wie ein dielektrisch gefüllter Rechteckhohlleiter der Breite a_{eff} verhält. Entwurfsvorschriften und ausführliche Untersuchungen sind beispielsweise in [125], [135] zu finden und sollen hier nicht wiederholt werden. Anders als bei Rechteckhohlleitern kann das im SIW geführte Feld zwischen den Vias austreten. Verluste durch Abstrahlung [136] und eine unerwünschte Kopplung zwischen parallel geführten SIWs [137] sind allerdings gering.

SIWs verbinden einige der Vorteile von Hohlleitern mit denen gewöhnlicher planarer Leitungen. So können SIWs vergleichsweise hohe Leistungen mit geringen Verlusten führen [138]. Wie bei symmetrischen Streifenleitungen wird das Feld vollständig im Substrat geführt, es handelt sich um eine geschirmte Struktur. Gegenüber Hohlleitern haben SIWs den Vorteil, dass aktive Bauelemente und MMICs direkt angebunden werden können [139]. Zudem existieren Übergänge auf Mikrostreifen [140], symmetrische Streifenleitung [141] oder CPW [142]. Auch Verbindungen zwischen SIW und Hohlleiter sind bekannt [143]–[146].

3.3 Leistungsverstärker

Auf Kommunikationssatelliten werden in der Regel Wanderfeldröhrenverstärker (TWTAs) als Leistungsverstärker in der Kommunikationsnutzlast eingesetzt. Lediglich für Frequenzen bis zum C-Band werden bereits SSPAs genutzt [147]. Im X-Band werden SSPAs lediglich für Anwendungen mit einer geringen Sendeleistung — beispielsweise für die Telemetrie und Steuerung — auf Satelliten eingesetzt [148]. Im K-Band erreichen Röhrenverstärker Wirkungsgrade von ca. 70% bei Ausgangsleistungen von über 100 W [148]. Zudem gelten TWTAs als sehr zuverlässig [149]. Dies wird durch Untersuchungen von Ausfällen unterschiedlicher Leistungsverstärker auf zahlreichen Satelliten gestützt [150].

Die Erzeugung der Beams durch mehrere aktive Einzelantennen verringert die pro Verstärker benötigte Ausgangsleistung. Für ein mehrfach genutztes Horn des in Abschnitt 2.3.2 vorgestellten (7/2)-Konzeptes liegt der Leistungsbedarf bei 8,9 W, für einen ganzen Beam hingegen bei 25 W. Dies ermöglicht den Einsatz von SSPAs, die deutlich kleiner und leichter als Röhrenverstärker sind.

Bei den genannten Größen handelt es sich um Leistungen im linearen Bereich. Ein Betrieb nahe der Sättigungsleistung ist mit den in Abschnitt 2.1 genannten Modulationsverfahren nicht möglich. Die Verringerung der genutzten Ausgangsleistung gegenüber der Sättigungsausgangsleistung P_{sat} eines Verstärkers wird als *Output Back-Off* bezeichnet. Das benötigte Back-Off hängt von der Anzahl der Trägersignale, der verwendeten Modulation und dem Kompressionsverhalten des Verstärkers ab. Mit 3 dB Back-Off [52] wird pro Horn eine Sättigungsleistung von ca. 17,8 W benötigt. Im Gegensatz dazu sind für einen kompletten Beam 50 W notwendig. Röhrenverstärker sind häufig stärker nichtlinear und benötigen ein größeres Back-Off [19], [20]. Es ist anzumerken, dass der Wirkungsgrad eines Verstärkers häufig nahe der Sättigung maximal ist. Er nimmt mit Verringerung der Ausgangsleistung deutlich ab. Zusätzlich müssen Verluste durch die Gehäuse der Verstärker, durch Übergänge zwischen Baugruppen sowie durch die Antennen und Polarisatoren berücksichtigt werden. Wird hier von etwa 2 dB ausgegangen, wird eine Sättigungsleistung von 28,2 W für ein durch mehrere Beams genutztes Horn benötigt.

In Abbildung 3.7 ist der Wirkungsgrad (für eine bessere Vergleichbarkeit wird die *Power Added Efficiency*, PAE, verwendet) über der Sättigungsausgangsleistung für SSPAs unterschiedlicher Hersteller aufgetragen. Der überwiegende Teil der heute kommerziell erhältlichen SSPAs wird in GaAs-Technologie gefertigt. Hier werden lediglich kleine Leistungen von bis knapp über 3 W und Wirkungsgrade von bis zu 30% erreicht. Dem gegenüber stehen Verstärker in der relativ neuen GaN-Technologie. Diese erreichen Leistungen von bis zu 10 W bei 30% Wirkungsgrad [151] beziehungsweise Wirkungsgrade von über 40% bei 1,4 W Ausgangsleistung [152]. Die GaN-auf-SiC-Technologie der in [151]–[153] veröffentlichten Schaltungen konnte sich in Versuchen als robust gegen Strahlung und erhöhte Temperaturen erweisen [154]. Hochrechnungen für 8,5 GHz-Verstärker ergaben demnach eine Ausfallrate von unter 10% innerhalb von mehr als elf Jahren bei einer Kanaltemperatur von über 220 °C.

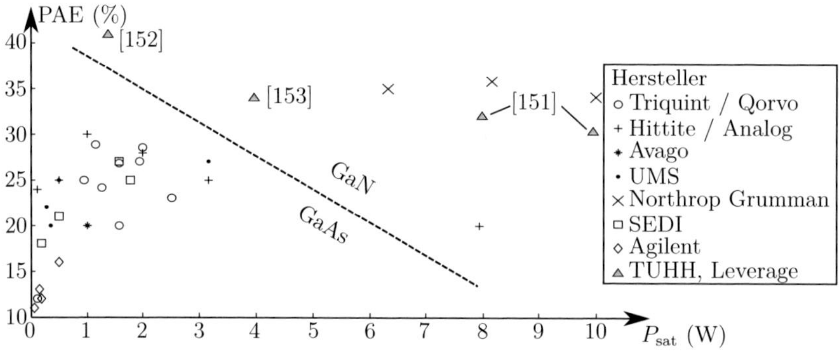

Abbildung 3.7: Wirkungsgrad (PAE) und Sättigungsausgangsleistung (P_{sat}) von K-Band Leistungsverstärkern unterschiedlicher Hersteller, Angaben aus Datenblättern entnommen (Stand Anfang 2018).

Um die benötigte Sättigungsleistung zu erreichen, werden mindestens drei der in [151] vorgestellten 10 W-SSPAs benötigt. Dieser MMIC hat eine Fläche von 3,5 mm × 4,5 mm. Zusammen mit den für die Spannungsversorgung benötigten Stützkondensatoren wird eine Fläche von etwa 6 mm × 6 mm benötigt. Die Integration von bis zu vier dieser Verstärker auf der pro Horn verfügbaren Fläche ist damit möglich. Bei 3 dB Back-Off sinkt der Wirkungsgrad dieser SSPAs auf knapp 25%. Jeder Verstärker erzeugt damit einen maximalen Wärmestrom von etwa 15 W, der aus der Schaltung abgeführt werden muss. Aus der Entwicklung von GaN-Verstärkern in den letzten Jahren, kann davon ausgegangen werden, dass in naher Zukunft MMICs mit sogar noch größeren Leistungen und verbessertem Wirkungsgrad verfügbar werden.

Anordnungen mit 19 Beams sind auf kommerziellen Satelliten vorstellbar [45]. Werden die Beams symmetrisch um ein zentrales Horn angeordnet, haben die nächst größeren Antennen 37, 61 und 91 Beams. Mit den genannten Größen —Ausgangsleistung 8,9 W, 2 dB Dämpfung und 25% Wirkungsgrad— wird für die Leistungsverstärker eines einzelnen Horns eine Leistung von etwa 60 W zur Geichspannungs-(DC-)Versorgung benötigt. Eine Anordnung mit 37 Beams und 133 Einzelantennen verbraucht somit etwa 8 kW. Der geringere Leistungsbedarf nicht gemeinsam genutzter Speiseantennen, wie bei den Zentralelementen der einzelnen Beams oder solcher am Rand der Speiseanordnung, wird dabei nicht berücksichtigt. Auf großen Satellitenbussen wie dem europäischen Alphabus steht für die Nutzlast eine Leistung von bis zu 18 kW zur Verfügung [155]. 61 Beams mit 211 Speiseantennen benötigen etwa 12,6 kW. Für 91 Beams und 307 Antennen würde mit über 18,4 kW eine zu große Leistung benötigt werden.

Es ist anzumerken, dass für alle vorgestellten Überschneidungskonzepte mehrere separate Verstärker für die gemeinsam genutzten Speiseantennen benötigt werden. Damit ist die Verwendung von TWTAs ausgeschlossen. Selbst kleine Röhrenverstärker für das K-Band [69] benötigen pro Stück eine größere Fläche, als die hier verfügbare. Für die Integration von zwei Mini-TWTAs müsste — wie bereits in Abschnitt 2.3 beschrieben — der Elementabstand mehr als verdoppelt werden. Der in [69] und [70] beschriebene Mini-TWTA liefert zudem nur eine Sättigungsleistung von 10 W bei einem Wirkungsgrad von ca. 50%.

3.4 Stellkomponenten

Während der Entstehung dieser Arbeit waren kommerziell keine Phasen- und Amplitudensteller mit der benötigten Genauigkeit verfügbar. Für das Empfangsband bei 30 GHz wurden Stellkomponenten am IMST[1] entwickelt [156]. Diese Ergebnisse lassen sich grundsätzlich auf das hier betrachtete Sendeband übertragen. Die Integration von Phasen- und Amplitudenstellern bei 20 GHz wurde in [157] gezeigt. Dabei werden vier Kanäle gemeinsam in einem hermetisch abgeschlossenes LTCC-Modul untergebracht. Einschließlich Versorgungs- und Treiberschaltungen sowie Vorverstärkern wird pro Kanal eine Fläche von etwa 10 × 26 mm benötigt. Der Flächenbedarf für die Stellkomponenten wird beim Entwurf der Aufbauarchitektur im Rahmen dieser Arbeit berücksichtigt. Die Integration von Phasen- und Amplitudenstellern ist jedoch nicht Teil der praktischen Untersuchungen.

[1] IMST GmbH, Kamp-Lintfort, Deutschland

4 Architekturentwurf

In Kapitel 2 wurde ein schematischer Aufbau der aktiven MFB-Antenne vorgestellt. In diesem Kapitel wird darauf aufbauend eine Architektur für die Antenne entworfen. Dabei wird von einem (7/2)-Überschneidungskonzept ausgegangen. Die Architektur soll modular erweiterbar sein, sodass Speisesysteme für Antennen mit einer unterschiedlichen Anzahl von Beams daraus aufgebaut werden können. Es wird gesondert auf das Thermalmanagement eingegangen. Für die aktiven Module wird untersucht, welche Einzelkomponenten und Übergänge benötigt werden. Abschließend wird ein 1 : 7-Leistungsteiler als Grundlage des Verteilnetzwerkes vorgestellt.

4.1 Aufbauarchitektur

Für eine aktive MFB-Antenne wie in Abbildung 4.1 gezeigt gibt es im Wesentlichen zwei mögliche Aufbauarchitekturen. Entweder werden die Verstärker parallel zu den Aperturen der Speiseantennen angeordnet oder senkrecht dazu. Die Anordnung der übrigen Komponenten ergibt sich daraus. Abbildung 4.2a zeigt einen möglichen Aufbau der Antenne mit parallel integrierten SSPAs. Wie in Abschnitte 3.3 erläutert, reicht die pro Speiseantenne verfügbare Fläche aus, um die benötigten vier Leistungsverstärker unterzubringen. Stellkomponenten und Vorverstärker müssen auf darüberliegenden Lagen integriert werden. Die aktiven Module sind somit als hochkomplexe Mehrlagenaufbauten mit mehreren übereinanderliegenden Kavitäten zu realisieren. Die Übergänge zwischen den einzelnen Lagen können dabei ähnlich wie in [158] umgesetzt werden. Für die Wärmeabfuhr der SSPAs muss der Raum zwischen Antenne und aktivem Modul genutzt werden. Dieser ist durch die Anordnung der Speiseantennen stark begrenzt. Zusätzlich ist eine Wärmeisolation zwischen den Hohlleiterstrukturen der Antennen und den Modulen notwendig. Die Speiseantennen

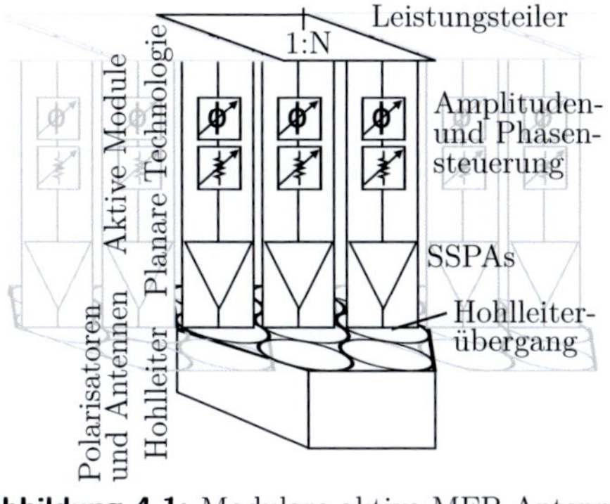

Abbildung 4.1: Modulare aktive MFB-Antenne.

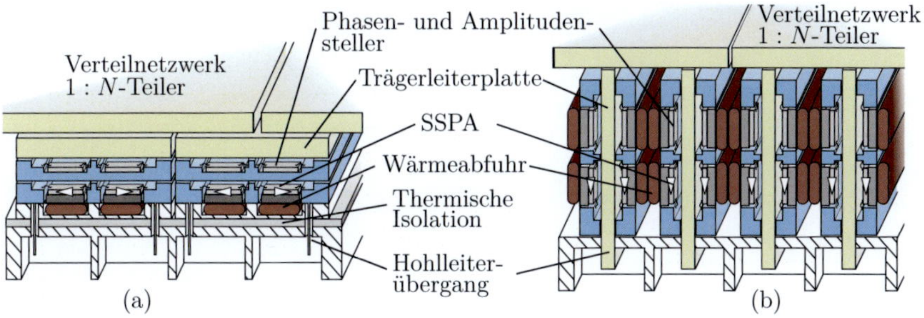

Abbildung 4.2: Aufbauarchitektur mit a) paralleler und b) senkrechter Anordnung der aktiven Module.

können einer direkten Sonneneinstrahlung ausgesetzt werden. Ohne Isolation würden die Halbleiterkomponenten damit einer zusätzlichen zyklischen Wärmebelastung ausgesetzt werden.

Bei der in Abbildung 4.2b gezeigten Architektur sind die aktiven Komponenten senkrecht zu den Antennenaperturen angeordnet. Wie in Abschnitt 3.1.2 beschrieben, sind organische Leiterplattenmaterialien für die Träger geeignet. Wegen deren geringer Wärmeleitfähigkeit können diese in direktem Kontakt zu den Hohlleiterstrukturen verwendet werden. Eine zusätzliche thermische Isolation ist nicht notwendig. Damit können die Übergänge zwischen den aktiven Modulen und den Hohlleitern, aber auch die Verbindungen zwischen den einzelnen Komponenten auf den Modulen einfacher als beim parallelen Aufbau realisiert werden. Ein weiterer wesentlicher Vorteil der senkrechten Anordnung der aktiven Module ist die bessere Wärmeabfuhr. Wie in der Skizze gezeigt, kann die gesamte Länge der Module für die Wärmeabfuhr genutzt werden. Dies macht auch die Anbindung weiterer Halbleiterkomponenten, wie der Stellkomponenten oder von Vorverstärkern, an die Wärmeabfuhr möglich. Zudem können die Träger von beiden Seiten mit Halbleiterkomponenten in keramischen Gehäusen bestückt werden. Dadurch wird die für die Wärmeabgabe verfügbare Fläche verdoppelt. Nachteile der senkrechten Architektur sind die geringere Integrationsdichte und gegebenenfalls eine geringere mechanische Stabilität.

Für die weiteren Untersuchungen wird der senkrechte Aufbau gewählt. Der Übergang zu den Hohlleitern wird direkt auf den aktiven Modulen realisiert. Diese werden dabei fest mit der metallischen Struktur der Antennen und Polarisatoren verbunden. Für den Übergang zwischen den Modulen und den Verteilnetzwerken, die die $1:N$-Leistungsteiler enthalten, werden koaxiale Steckverbinder eingesetzt. Viele Hersteller bieten Verbinder mit kleinen Abmessungen an, die in der Lage sind, einen Versatz zwischen den zu verbindenden Baugruppen auszugleichen. Damit können Fertigungstoleranzen und thermische Ausdehnungen aufgefangen werden. Für die folgenden Aufbauten werden Mini-SMP-Steckverbinder — je nach Hersteller auch als SMPM bezeichnet — verwendet. Ein ähnliches Aufbaukonzept wurde in [156] vorgestellt.

4.2 Thermalmanagement

Bei dem im vorherigen Abschnitt vorgestellten Architekturkonzept wird die durch die Halbleiterkomponenten erzeugte Wärme seitlich aus dem Gesamtaufbau abgeführt. Die aktiven Module in einer Reihe sind jeweils thermisch gekoppelt. Auf beiden Seiten der Antenne wird die Wärme an das Thermalmanagement des Satelliten abgegeben. Für den Wärmetransport werden *Heatpipes* verwendet. Auf diese Weise wird bei geringerer Masse ein deutlich höherer Wärmeleitwert als bei vollmetallischen Wärmeleitern erreicht [20]. Ein Überblick über die unterschiedlichen Arten, die Funktionsweise und Eigenschaften von Heatpipes wird in [159] gegeben.

Abbildung 4.3a zeigt ein vereinfachtes thermisches Ersatzschaltbild einer Reihe aktiver Module der MFB-Antenne. Auf jedem aktiven Modul sind mehrere SSPAs integriert, von

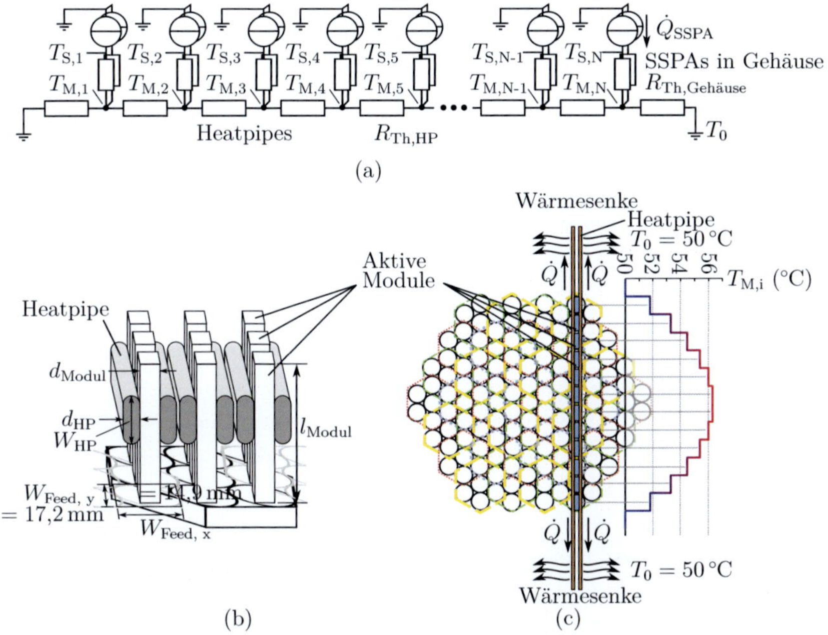

Abbildung 4.3: a) Thermisches Ersatzschaltbild der MFB-Antenne, b) Führung der Heatpipes zwischen den Modulen sowie c) Anordnung und Temperaturverteilung bei 37 Beams.

denen jeder den Wärmestrom $\dot{Q}_{SSPA}$ erzeugt. Der Wärmewiderstand des SSPA und seines Gehäuses ist $R_{Th,Gehäuse}$. Alle Module in einer Reihe der Antenne sind durch Heatpipes verbunden. Der Widerstand der Heatpipes zwischen zwei benachbarten Modulen ist $R_{Th,HP}$. Die Anordnung der Heatpipes wird in Abbildung 4.3b gezeigt. In Abbildung 4.3c ist eine MFB-Antenne mit 37 Beams und einem (7/2)-Überscheidungskonzept dargestellt. Bei der gezeigten Anordnung sind maximal zwölf Hörner in einer Reihe. Auf beiden Seiten der Antenne sind Wärmesenken. Um die Wärme aus der Mitte der Anordnung zu einer der beiden Senken zu leiten, werden Heatpipes mit einer Länge von ca. 110 mm benötigt.

Es wird angenommen, dass die Temperatur an einer Wärmesenke maximal $T_0 = 50\,°C$ beträgt. Der Verlauf der Temperatur T_M an den aktiven Modulen entlang der Heatpipes wird ebenfalls in Abbildung 4.3c gezeigt. Für die Berechnung der Temperaturverteilung wird angenommen, dass die Module mit je vier SSPAs bestückt sind, von denen jeweils zwei auf jeder Seite untergebracht werden. Jeder SSPA gibt den Wärmestrom $\dot{Q}_{\mathrm{SSPA}} = 15\,\mathrm{W}$ ab. Der Widerstand der Heatpipes wird mit $R_{\mathrm{Th,HP}} = 0{,}01\,\mathrm{K/W}$ abgeschätzt. Jede Heatpipe transportiert einen maximalen Wärmestrom von $\dot{Q} = 180\,\mathrm{W}$ zu je einer der beiden Wärmesenken auf einer Seite der Antenne. Die Temperatur der aktiven Module im Inneren der Antenne ist um 6,3 K höher als die Referenztemperatur T_0. Bei einem Aufbau mit 91 Beams und höchstens 18 Speiseantennen pro Reihe steigt die Maximaltemperatur auf $T_{\mathrm{M,max}} = 63{,}5\,°\mathrm{C}$. Die Heatpipes müssen dabei bis zu 270 W zu den Wärmesenken transportieren. Der limitierende Faktor für die Größe der Antenne ist neben der benötigten DC-Leistung der Wärmestrom und nicht der Temperaturanstieg in den Modulen. Ein Vergleich kommerziell erhältlicher Heatpipes zeigt, dass der maximale Wärmestrom für solche mit einer Dicke von bis zu $d_{\mathrm{HP}} = 4{,}5\,\mathrm{mm}$, einer Breite von $W_{\mathrm{HP}} = 10\,\mathrm{mm}$ und einer Länge von 150 mm auf etwa 70 W beschränkt ist. Eine Überschreitung des Maximalstroms kann zum Austrocknen der Flüssigphase der Heatpipe und damit zu einer deutlichen Steigerung des Wärmewiderstandes führen [160]. Für eine Anordnung mit 37 Beams müssen daher auf jeder Seite der Module drei solcher Heatpipes parallel angeordnet werden. Um den Wärmestrom der Leistungsverstärker an die Heatpipes zu leiten, werden metallische Wärmespreizer auf den Außenflächen der aktiven Module benötigt. Bei einer Dicke der Heatpipes von $d_{\mathrm{HP}} = 4{,}5\,\mathrm{mm}$ ist die maximale Dicke eines Moduls mit SSPA-Gehäuse und zusätzlichen metallischen Wärmespreizern auf $d_{\mathrm{Modul}} = 6{,}2\,\mathrm{mm}$ beschränkt.

Für die Auslegung der SSPA-Gehäuse der aktiven Module wird die maximale Betriebstemperatur der Verstärker auf $T_{\mathrm{S,max}} = 100\,°\mathrm{C}$ festgelegt. Es wird von Antennen mit bis zu 91 Beams ausgegangen, sodass für kleinere Aufbauten entsprechend große Reserven vorhanden sind. Bei einem Verlustwärmestrom von $\dot{Q}_{\mathrm{SSPA}} = 15\,\mathrm{W}$ muss der Wärmewiderstand $R_{\mathrm{Th,Gehäuse}}$ der Gehäuse damit kleiner als 2,4 K/W sein. Dabei sind ausreichend große Temperaturreserven für den Dauerbetrieb der GaN-Verstärker sowie von Loten oder Klebstoffen vorhanden [160].

4.3 Aktive Module

Grundbaustein der modularen MFB-Antenne sind die aktiven Module. Diese sind die Träger der Leistungsverstärker. Darüber hinaus führen sie die Signale der unterschiedlichen

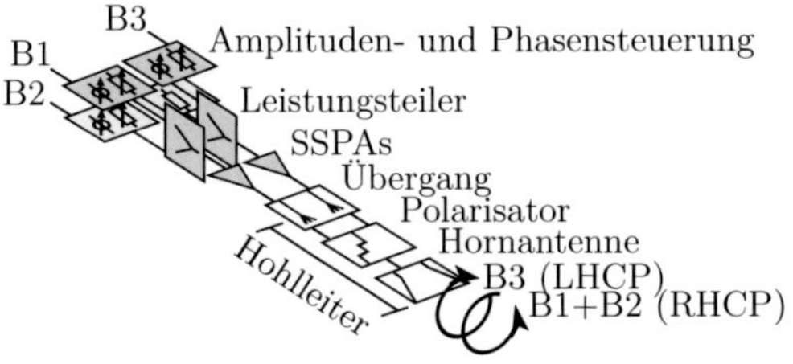

Abbildung 4.4: Blockschaltbild eines aktiven Moduls und der Hohlleiterkomponenten.

Beams bei gemeinsam genutzten Speiseantennen zusammen und speisen die Hohlleiterkomponenten.

Abbildung 4.4 zeigt ein Blockschaltbild eines aktiven Moduls. Das Modul speist eine durch die drei Beams B1, B2 und B3 gemeinsam genutzte Antenne. B1 und B2 haben dieselbe Polarisation, aber unterschiedliche Frequenzen. B3 nutzt die andere Polarisation. Ein solches Modul wird für die (7/2)- und (4/2)-Überschneidungskonzepte benötigt. Bei dem (7/2)-Konzept wird zusätzlich ein Modul für die zentralen Antennen der jeweiligen Beams benötigt. Dieses kann durch Weglassen der Leistungsteiler und von zwei der drei Signaleingänge aus dem gezeigten abgeleitet werden und wird nicht weiter behandelt.

Bei dem dargestellten Modul werden die Signale der Beams über koaxiale Steckverbinder von den Verteilnetzwerken in das Modul eingespeist. Amplituden- und Phasensteller werden zum Einstellen der gewünschten Anregungskoeffizienten der Antenne benötigt. Über die folgenden 1 : 2-Leistungsteiler werden die Signale der Beams B1 und B2 zusammengeführt. Dies führt zu einer Dämpfung von 3 dB.

Die Signale werden anschließend durch die SSPAs verstärkt. Anstelle der in dem Blockschaltbild nach Polarisation getrennten Verstärker kann ein Matrixverstärker mit zwei Kanälen eingesetzt werden. So können die Verstärker wie in Abschnitt 2.3.1 beschrieben durch alle drei Beams gemeinsam genutzt werden. Die verstärkten Signale werden auf die folgenden Hohlleiterstrukturen übertragen. Dazu zählen der Übergang, der Polarisator zum Erzeugen der zirkularen Polarisation und die Hornantenne.

Das Blockschaltbild aus Abbildung 4.4 wird in Abbildung 4.5 um einige Komponenten erweitert. Ein Versorgungs- und ein Digitalbus werden parallel zu den Heatpipes entlang der

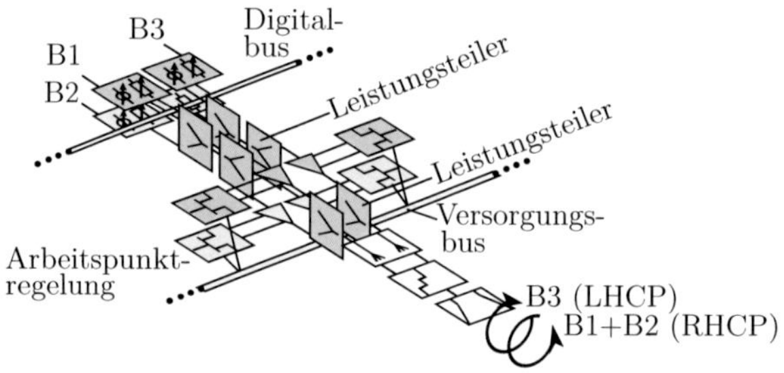

Abbildung 4.5: Blockschaltbild eines aktiven Moduls mit doppelseitiger Bestückung und Versorgungsschaltungen.

Module geführt. Diese dienen der Spannungsversorgung, der Steuerung und zur Übertragung von Mess- und Überwachungsdaten. Für jeden Verstärker ist eine eigene Regelung des Arbeitspunktes notwendig. Für SSPAs in GaAs-Technologie sind Arbeitspunktregler mit Überwachung und einfachen Steuermöglichkeiten komplett als integrierte Schaltung (IC) verfügbar. Diese sind oft kleiner als die SSPAs[1]. Kompakte Regler für GaN-Verstärker mit Arbeitspunkten bei ca. 30 V sind dagegen kommerziell noch nicht erhältlich[2]. In dem erweiterten Blockschaltbild sind die vier einzelnen SSPAs eingezeichnet die für eine ausreichende Ausgangsleistung benötigt werden. Diese werden auf beiden Seiten der Leiterplatte des aktiven Moduls aufgebracht. So wird eine größere Fläche für die Wärmeabfuhr erreicht. Durch je einen zusätzlichen Leistungsteiler vor und nach den Verstärkern werden die Signale den SSPAs zugeführt und nach der Verstärkung wieder vereint.

4.4 Verteilnetzwerke

Das Verteilnetzwerk erfüllt zwei Funktionen: Es teilt das Eingangssignal und es führt das geteilte Signal den aktiven Modulen zu. Bei dem (7/2)-Konzept besteht es aus einem 1:7-Leistungsteiler, Leitungen für die Signalführung und Steckverbindern als Übergang auf die Module. Um Verluste des Verteilnetzwerkes zu kompensieren, kann dieses grundsätzlich aktiv oder sogar als MMIC realisiert werden [161]. Dies wird im Folgenden allerdings nicht eingehender betrachtet.

[1] Beispielsweise hat der HMC980 von *Hittite* eine Größe von 1,4 mm × 2,26 mm.
[2] Stand Ende 2017

Allgemein können Leistungsteiler seriell oder parallel realisiert werden [162]. Serielle Teiler bestehen aus mehreren in Reihe geschalteten Teilern mit kleinerem Teilungsverhältnis. Dabei werden in der Regel Baumstrukturen verwendet. Die Verluste des Teilers nehmen mit der Anzahl der Stufen und damit mit dem Teilungsverhältnis zu. Werden 1:2 Teiler in einer Baumstruktur angeordnet, wird dies als binärer Leistungsteiler bezeichnet. Beispiele für serielle Teiler in LTCC-Technik sind in [156], [163]–[165] zu finden. Die Stufen der Teiler sind dabei durch 1:2- oder 1:3-Wilkinson-Teiler realisiert, die auf unterschiedlichen Lagen in der Struktur angeordnet sind.

Bei parallelen Leistungsteilern wird das Eingangssignal in einer einzigen Stufe geteilt. Die Kopplung zwischen den Ausgängen ist dabei in der Regel höher als bei seriellen Teilern. Für eine aktive MFB-Sendeantenne kann dieser Nachteil hingenommen werden. Ein Vorteil der parallelen Teiler ist ihre kompakte Bauweise, die durch den einstufigen Aufbau und das Fehlen der Übergänge zwischen den Stufen erreicht wird. Die Ausgänge solcher Teiler können nebeneinander [166], [167] oder radial angeordnet sein [168], [169]. Dabei erlauben insbesondere radiale Leistungsteiler eine einfache Leitungsführung und Anordnung der Steckverbinder des Verteilnetzwerkes. Radiale Teiler in SIW-Technik wurden in [170], [171] veröffentlicht.

4.4.1 Radialer 1:7 Leistungsteiler

Für das Verteilnetzwerk der aktiven MFB-Antenne wird ein radialer Leistungsteiler in Leiterplattentechnologie entworfen. Dieser ist in Abbildung 4.6 dargestellt [172]. Die sieben Ausgänge befinden sich auf einer Außenlage und sind als Mikrostreifenleitungen realisiert. Der Eingang ist ebenfalls als Mikrostreifenleitung umgesetzt und befindet sich auf der entgegengesetzten Außenlage. Dazwischen sind zwei Masseflächen angeordnet, wie in der Schnittdarstellung in Abbildung 4.6b gezeigt. Die Masseflächen bilden zusammen mit einem kreisförmigen Via-Zaun eine Kavität, die durch Speise-Vias mit dem Eingang und den Ausgängen verkoppelt ist. Die Speise-Vias sind jeweils durch die eine Massefläche hindurchgeführt und mit der anderen kurzgeschlossen.

Ein Signal am Eingang des Teilers regt über das zentrale Speise-Via eine zylindrische Welle in der Kavität an. Die Geometrie der Durchführung durch die Massefläche und die runde Kupferfläche am Übergang zwischen Mikrostreifenleitung und Via werden genutzt, um die

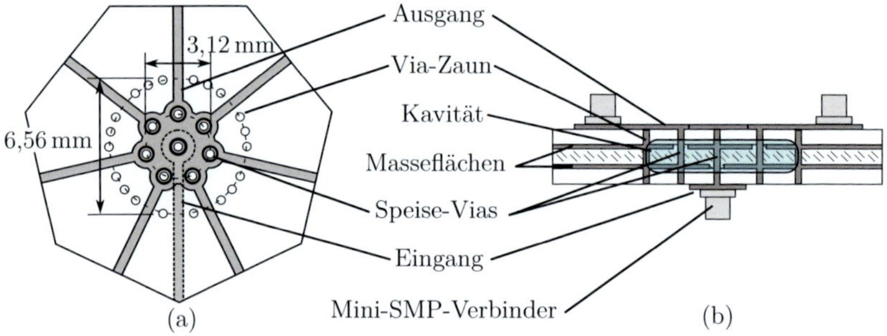

Abbildung 4.6: Skizze und Maße des radialen 1:7-Leistungsteilers in SIW-Technologie. a) Aufsicht und b) Schnitt.

Induktivität des Speise-Vias zu kompensieren und die Leitung an die Kavität anzupassen. Eine breitbandige Anpassung zwischen der Kavität und den Ausgängen wird durch eine geeignete Wahl des Abstandes zwischen dem Via-Zaun und den Speise-Vias sowie durch eine zusätzliche Anpassstruktur auf der Lage der Ausgänge erreicht. Diese Struktur besteht aus einer Kupferfläche, die Übergänge der Speise-Vias zu den Ausgangsleitungen einschließt und mittig kurzgeschlossen ist. Die Anpassstrukturen werden in [172] eingehender beschrieben.

Die Abbildungen 4.7a und b zeigen Ober- bzw. Unterseite eines aufgebauten 1:7-Teilers. Ein Schnitt durch die Kavität des Teilers ist in Abbildung 4.7c dargestellt. Der Teiler wird aus dem hochfrequenztauglichen Substrat RO4003 und dem Substratkleber RO4450 hergestellt. Für die Ein- und Ausgänge werden Mini-SMP-Steckverbinder verwendet. Der gezeigte Aufbau hat eine Kantenlänge von 45 mm. Der Durchmesser des radialen Teilers ist kleiner als 7 mm.

Die Eingangsreflexions- und Transmissionsfaktoren des radialen Teilers sind in Abbildung 4.8a dargestellt. Es wurden sieben Zwei-Tor-Messungen durchgeführt, wobei die jeweils nicht gemessenen Tore mit 50 Ω-Mini-SMP-Abschlüssen belastet wurden. Die Messung beinhaltet zudem Mini-SMP-Adapter.

Zwischen 15,6 und 24,6 GHz übersteigt die gemessene Eingangsreflexionsdämpfung 10 dB. Im interessierenden Frequenzbereich von 17,7 bis 20,2 GHz ist die Anpassung besser als

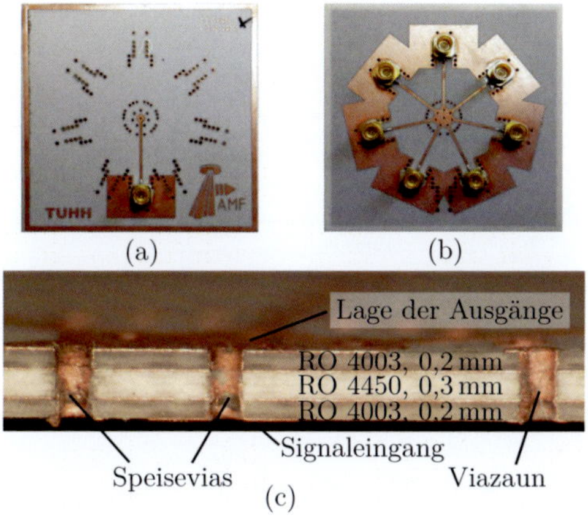

Abbildung 4.7: a) Signaleingang und b) -ausgänge des radialen 1:7-Leistungsteiler sowie c) Schnitt durch die Leiterplatte.

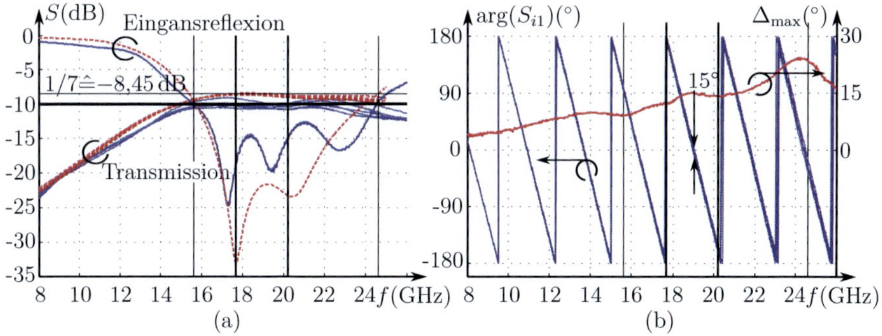

Abbildung 4.8: a) Eingansreflexions- und Transmissionsfaktoren des 1:7 Teilers in Simulation (····) und Messung (—). b) Gemessene Transmissionsphasen und maximale Phasendifferenz des radialen Teilers.

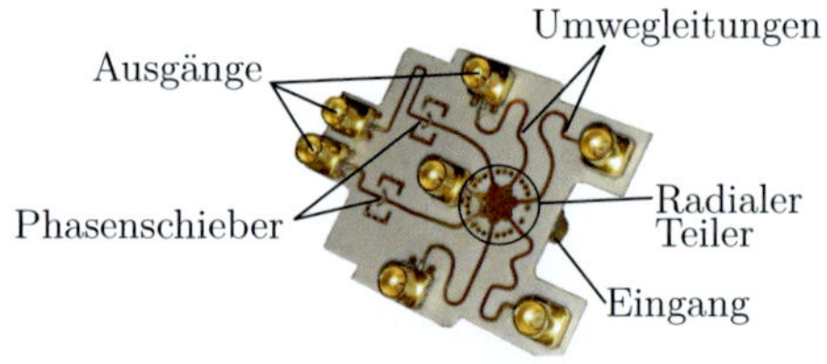

Abbildung 4.9: Verteilnetzwerk mit radialem Teiler.

15 dB. Die Einfügedämpfung eines idealen 1:7-Teiler beträgt 8,45 dB. Die maximale Dämpfung ist in der Simulation 0,45 dB und in der Messung 2,35 dB größer. Der maximale gemessene Phasenunterschied zwischen den Ausgängen beträgt im interessierenden Frequenzbereich 15°, wie in Abbildung 4.8b gezeigt.

Ein Verteilnetzwerk mit dem im vorherigen Abschnitt vorgestellten Leistungsteiler wird in Abbildung 4.9 gezeigt. Die Verteilung der Mini-SMP-Stecker der Ausgänge ist durch die Anordnung der Antennen vorgegeben. Die Form der Leiterplatte erlaubt eine periodische Aneinanderreihung. Der kompakte Aufbau des Leistungsteilers ermöglicht die Unterbringung weiterer Komponenten auf der Leiterplatte. Beispielsweise können Verstärker integriert werden, um die Dämpfung des Teilers auszugleichen. Das gezeigte Verteilnetzwerk verfügt über zusätzliche Umwegleitungen und Phasenschieber, um die Phase der Eingangssignale der aktiven Module einzustellen. Dies ist nicht nötig, wenn digital einstellbare Phasenschieber auf den Modulen integriert werden.

5 Entwurf der aktiven Module

Nach der allgemeinen Untersuchung zu aktiven MFB-Antennen sowie der Festlegung geeigneter Technologien und Architekturen in den vorangegangen Kapiteln wird im Folgenden ein Ansatz zur Integration von Halbleiterleistungsverstärkern in die aktiven Module beschrieben. Zunächst werden die wesentlichen Komponenten der Module betrachtet. Anschließend wird ein Verstärkermodul als Studienmodell entwickelt und messtechnisch charakterisiert. Abbildung 5.1 zeigt das Blockschaltbild des Moduls. Anstelle von Polarisatoren und Antennen wird ein Hohlleiter-Messadapter verwendet.

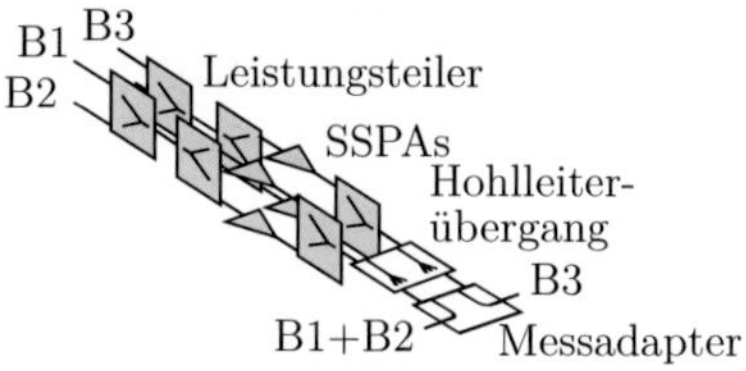

Abbildung 5.1: Blockschaltbild eines vereinfachten Moduls als Studienmodell.

In Abbildung 5.2 ist ein Schnitt durch das Verstärkermodul skizziert. Dieses besteht aus einer Trägerleiterplatte und keramischen Gehäusen für die SSPAs. Auf den Gehäusen sind metallische Wärmespreizer, die die Verlustwärme der SSPAs an die Heatpipes leiten, aufgebracht. Der Träger wird als dreilagiger Aufbau auf Basis des Substrates RO4003C von *Rogers* realisiert. Die Dicke der Leiterplatte beträgt etwa 0,6 mm. Für die Breite des Moduls stehen bei einem Abstand von 17,2 mm zwischen den Antennen 14,9 mm zur Verfügung. Für die Eingänge der Signale der drei Beams werden Steckverbinder auf beiden Seiten des Trägers eingesetzt. Innerhalb der Leiterplatte werden SIWs als Leitungen verwendet. Der Mehrlagenaufbau lässt eine Stapelung von zwei SIWs übereinander zu. Die Leistungstei-

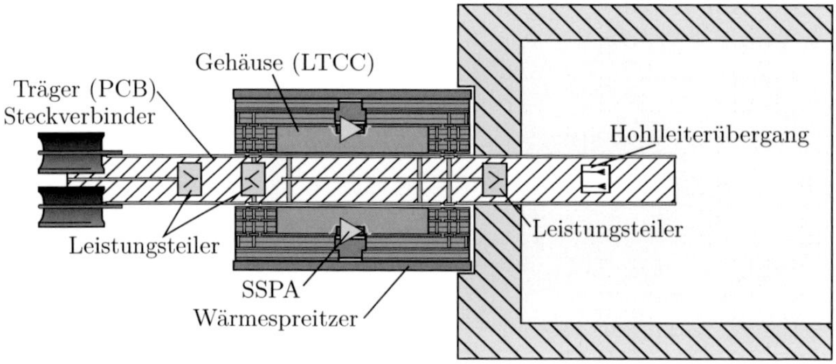

Abbildung 5.2: Schnittbild durch das Verstärkermodul.

ler und Hohlleiterübergänge werden entsprechend in SIW-Technik umgesetzt. Nach den Untersuchungen in Abschnitt 4.2 stehen für die Dicke der aktiven Module 6,2 mm zur Verfügung. Mit einer Dicke von 0,6 mm für die Träger-Leiterplatte und je 1 mm für die Wärmespreizer liegt die maximale Dicke der Gehäuse der SSPAs bei 1,8 mm. Es werden acht Schichten DuPont 9k7 LTCC mit einer Dicke von je 220 µm im gesinterten Zustand verwendet. Damit beträgt die Dicke der Gehäuse 1,76 mm.

5.1 Auswahl und Entwurf passiver Komponenten

In diesem Abschnitt wird der Entwurf der wesentlichen passiven Komponenten für die aktiven Module beschrieben.

5.1.1 SIW-Speisung

Die koaxialen Steckverbinder an den Eingängen der aktiven Module können nicht direkt an die SIW angeschlossen werden. Daher werden kurze Mikrostreifenleitungen zwischen den Mini-SMP-Verbindern und den SIWs eingesetzt. Für die Speisung der SIWs wird ein einfacher trapezförmiger Übergang verwendet [140]. Dieser ist in Abbildung 5.3a dargestellt.

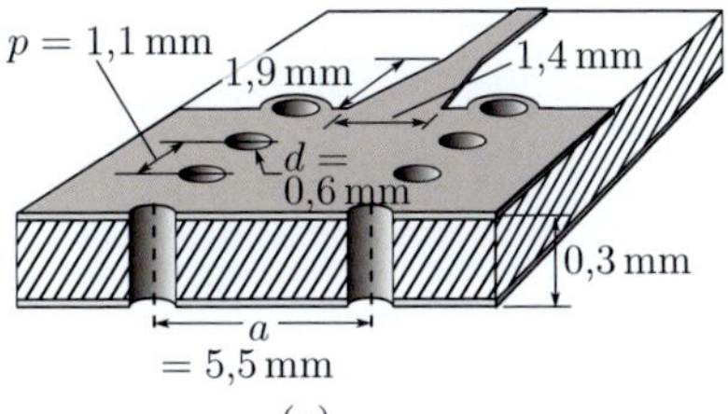

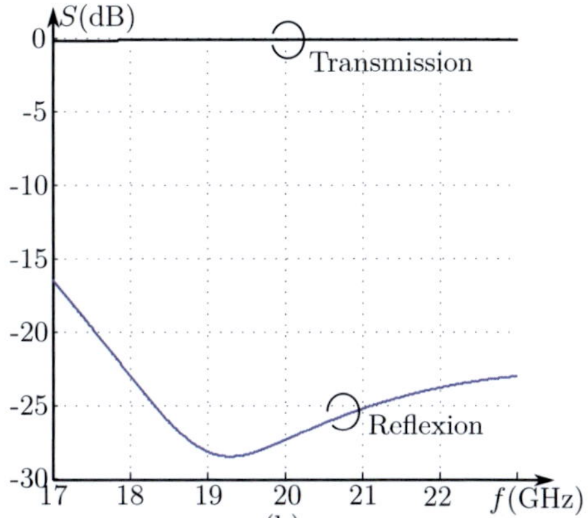

Abbildung 5.3: a) Skizze und Maße sowie b) Simulationsergebnisse des SIW-auf-Mikrostreifen-Übergangs.

Der Übergang hat eine Länge von ca. 1,9 mm. Der SIW hat eine Breite von $a = 5{,}5\,\mathrm{mm}$. Die Durchkontaktierungen haben einen Durchmesser von $d = 0{,}6\,\mathrm{mm}$ und einen Abstand von $p = 1{,}1\,\mathrm{mm}$. Die Grenzfrequenz liegt damit bei 15,43 GHz [135]. Diese Maße werden für alle weiteren SIW-Komponenten auf der Trägerleiterplatte verwendet. Abbildung 5.3b zeigt die simulierten Transmissions- und Refelxionsfaktoren des Übergangs. Oberhalb von 17,6 GHz ist die Rückflussdämpfung größer als 20 dB. Die Einfügedämpfung ist kleiner als 0,2 dB.

5.1.2 Leistungsteiler

Zum Zusammenführen der Signale unterschiedlicher Beams im aktiven Modul wird ein 1 : 2-Leistungsteiler mit einer hohen Isolation zwischen den Eingängen benötigt. Einfache T- oder Y-Strukturen in SIW-Technik können daher nicht verwendet werden [173]. Durch Hinzufügen von oberflächenmontierten Widerständen zu dem Leistungsteiler aus [174] kann die Isolation erhöht werden [175]. Ähnliche Ansätze werden in [176]–[179] verfolgt. Bei all diesen Aufbauten werden die Widerstände auf den Außenlagen der Leiterplatte aufgebracht. Es werden daher Schlitze in der äußeren Metallisierung der SIWs benötigt.

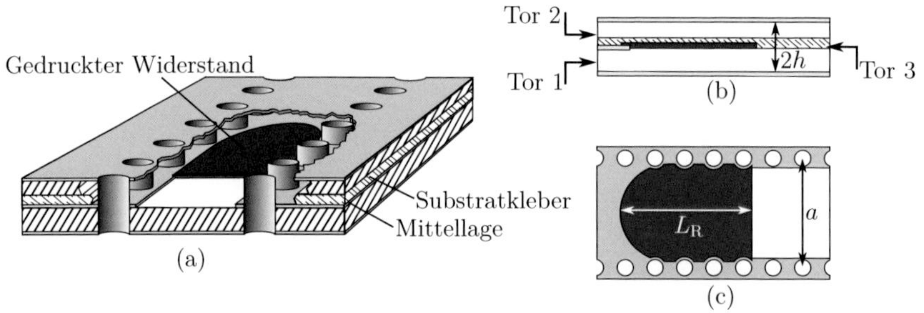

Abbildung 5.4: a) Resistiver Leistungsteiler in SIW-Technik, b) Schnitt und c) Aufsicht.

Dies verschlechtert die Schirmung und verhindert, dass der Teiler im Inneren von Mehrlagenaufbauten untergebracht werden kann.

In Rechteckhohlleitern werden Teiler auf Grundlage sogenannter *E-plane bifurcations* realisiert. Der Hohlleiter wird dabei durch ein Septum senkrecht zum elektrischen Feld der Grundmode in zwei schmalere Wellenleiter geteilt. Die Isolation und Anpassung der Tore wird durch Einbringen von konzentrierten Widerständen [180] oder von resistiven Schichten [181] in das Septum erzeugt.

Abbildung 5.4 zeigt, wie dieser Ansatz in SIW-Technik übertragen werden kann [182]. Die gezeigte Struktur besteht aus drei Metalllagen. Zusammen mit den beiden Viareihen bilden diese zwei übereinanderliegende SIWs mit jeweils der Dicke h. In Abbildung 5.4b werden diese durch die Tore 1 und 2 angeregt. An der Verzweigung wird die Mittellage geöffnet, sodass beide SIWs in einen SIW der Dicke $2h$ an Tor 3 übergehen. Um die Tore 1 und 2 voneinander zu entkoppeln und reflexionsfrei anzupassen, wird der in der Zeichnung gezeigte in Dickschichttechnik hergestellte Widerstand benötigt. Ohne diesen würden Rückflussdämpfung und Isolation der Tore 1 und 2 jeweils 6 dB betragen [88]. Die Form und Größe des gedruckten Widerstandes sind in Abbildung 5.4c zu sehen.

Untersuchung des Teilers

Da der Leistungsteiler — bis auf die Schicht Substratkleber — symmetrisch zur Mittellage ist, kann eine Gleich- und Gegentaktuntersuchung zur Beschreibung und für den Ent-

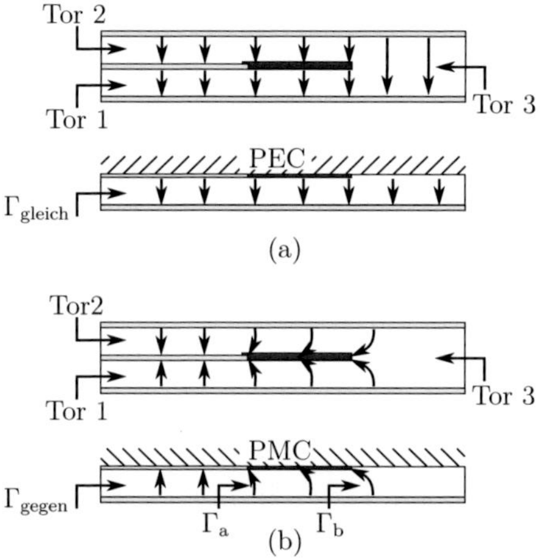

Abbildung 5.5: a) Gleich- und b) Gegentaktuntersuchung des SIW-Teilers.

wurf durchgeführt werden [180]. Dies ist in Abbildung 5.5 schematisch dargestellt. Zur Veranschaulichung ist jeweils die Richtung des elektrischen Feldes eingezeichnet. Wie in Abbildung 5.5a gezeigt, wird die Symmetrieebene bei einer Gleichtaktanregung der Tore 1 und 2 durch eine perfekt elektrisch leitfähige (PEC) Wand ersetzt. Der gedruckte Widerstand wird dadurch kurzgeschlossen. Sind die metallische Mittellage und der Dickschichtwiderstand wesentlich dünner als die Dicke h des SIW, verhält sich die resultierende Struktur wie ein einfacher Hohlleiter. Für den Gleichtaktreflexionsfaktor gilt idealerweise $\Gamma_{\text{gleich}} = 0$. Eine Gleichtaktanregung der Tore 1 und 2 entspricht einer Anregung an Tor 3. Damit gilt unabhängig von Form und Größe des Widerstandes $S_{33} = \Gamma_{\text{gleich}} = 0$.

Bei der Gegentaktanregung wird die Symmetrieebene durch eine perfekt magnetisch leitende Wand (PMC) dargestellt. Dies wird in Abbildung 5.5b gezeigt. An Tor 3 ist die Gegentaktmode nicht ausbreitungsfähig. An der äußeren Kante des gedruckten Widerstandes ergibt sich somit der Reflexionsfaktor $|\Gamma_b| = 1$. Zusammen mit der Reflexion Γ_a an der Kante zwischen Mittellage und Widerstand ergibt sich der Reflexionsfaktor der Gegentaktmode zu

$$\Gamma_{\text{gegen}} = \Gamma_a + \Gamma_b \mathrm{e}^{-2\gamma_{\mathrm{R}} L_{\mathrm{R}}}, \tag{5.1}$$

wobei γ_{R} die Ausbreitungskonstante im Bereich mit dem Widerstand und L_{R} dessen Länge ist. Der an der äußeren Kante des Widerstandes reflektierte Anteil der Welle wird über dessen Länge gedämpft und kann für hinreichend große Werte von L_{R} vernachlässigt werden. Entscheidend hierfür ist der Realteil von γ_{R}, der durch den Widerstand bestimmt ist. Γ_{gegen} wird somit durch den Reflexionsfaktor Γ_a dominiert. Dieser kann durch die Form des Übergangs zwischen der metallischen Mittellage und dem Widerstand minimiert werden.

Für die Reflexion und Kopplung der Tore 1 und 2 des Leistungsteilers ergibt sich

$$S_{11} = S_{22} = \Gamma_{\mathrm{gleich}}/2 + \Gamma_{\mathrm{gegen}}/2, \tag{5.2}$$

$$S_{12} = S_{21} = \Gamma_{\mathrm{gleich}}/2 - \Gamma_{\mathrm{gegen}}/2. \tag{5.3}$$

Werden $\Gamma_{\mathrm{gleich}} = 0$ und eine ausreichend große Länge L_{R} angenommen, vereinfachen sich die Gleichungen 5.2 und 5.3 zu

$$|S_{11}| = |S_{22}| = |S_{21}| = |S_{12}| = \frac{|\Gamma_{\mathrm{gegen}}|}{2} \approx \frac{|\Gamma_a|}{2}. \tag{5.4}$$

Dies vereinfacht den Entwurf des Teilers, da nur der Gegentaktfall betrachtet werden muss. Gute Ergebnisse werden erzielt, indem die Kante zwischen Mittellage und Widerstand — wie in Abbildung 5.4c gezeigt — halbkreisförmig ausgeführt wird. Der Durchmesser dieses Halbkreises und die Breite des Widerstandes werden so groß wie möglich gewählt. Damit bleiben zwei Freiheitsgrade für den Entwurf: Die Länge L_{R} und der Flächenwiderstand des gedruckten Widerstandes.

In [183], [184] wird ein Ansatz zur Berechnung der Dämpfung des Dickschichtwiderstandes vorgeschlagen. Dieser wird im Folgenden allerdings nicht weiter betrachtet, da bei dieser Beschreibung die Reflexionen an den Kanten des Widerstandes nicht berücksichtigt wird.

Herstellung

Der SIW-Leistungsteiler kann unter Verwendung von Standard-Leiterplattenprozessen hergestellt werden [132]. Die Fertigungsschritte sind in Abbildung 5.6 dargestellt. Zunächst wird die Mittellage strukturiert. Im Siebdruckverfahren wird eine resistive Paste aufgetragen. Hierzu eignen sich graphithaltige Leitlacke[1]. Als Druckschablone wird im Rahmen dieser Arbeit eine dünne Kupferfolie verwendet. Diese wird fotolithographisch strukturiert und exakt auf der zu bedruckenden Leiterplatte ausgerichtet. Eine Ausrichtung des Siebes wird damit unnötig. Vor dem Entfernen der Schablone wird der Lack für 10 min bei 100 °C angetrocknet. So können scharfe Kanten im Druckbild erreicht werden. Nach einem weiteren Trocknungsschritt von 10 min bei 100 °C wird der Mehrlagenaufbau zusammengestellt und bei bis zu 180 °C für etwa zwei Stunden verpresst. Dabei härtet der Graphitlack komplett aus und erreicht seine endgültige Leitfähigkeit.

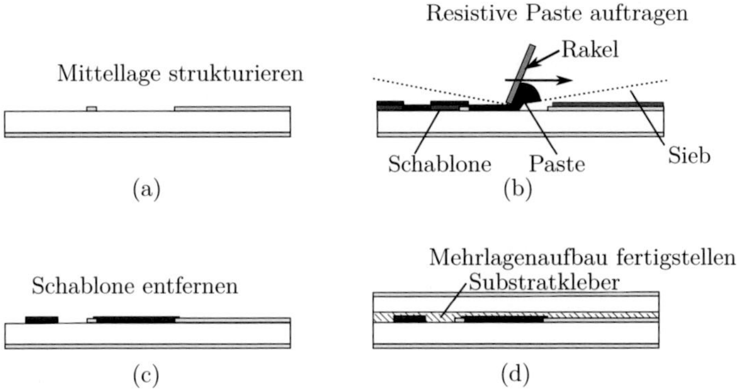

Abbildung 5.6: Herstellungsschritte der integrierten Dickschicht-Widerstände.

Um den Flächenwiderstand des Dickschichtwiderstandes zu bestimmen, wurden 56 quadratische Widerstände mit unterschiedlichen Größen hergestellt und vermessen. Vor dem Verpressen betrug der durchschnittliche Flächenwiderstand 91,5 Ω mit einer Standardabweichung von 7,6 Ω. Im fertigen Mehrlagenaufbau wurde ein durchschnittlicher Flächenwiderstand von 16,8 Ω mit einer Standardabweichung von etwa 2 Ω gemessen.

Gleichstromuntersuchungen zeigen, dass die so gefertigten Widerstände Leistungsdichten von etwa 0,5 W/mm^2 umsetzten können, ohne dass es zu irreversiblen Änderungen der elektrischen Eigenschaften kommt. Anstelle der hier verwendeten Dickschichtwiderstände können auch Widerstände in Dünnschichttechnologie verwendet werden [107].

[1] In dieser Arbeit wird der Leitlack SD2843HAL der *Lackwerke Peters* eingesetzt

Entwurf und Optimierung

Da der Flächenwiderstand durch die Technologie und die Maße der SIWs durch die Anwendung vorgegeben sind, bleibt als Entwurfsgröße lediglich die Länge L_R. Diese kann durch Vollwellensimulationen der Gegentaktanregung optimiert werden. Die Optimierung wurde in *CST*[2] durchgeführt. Da lediglich eine Hälfte des Teilers simuliert wird und nur ein Parameter optimiert wird, ist dies ein effizientes Vorgehen. Für den Entwurf wurde ein Flächenwiderstand von $15\,\Omega$ angenommen. Abbildung 5.7a zeigt ein Foto eines gedruckten Widerstandes. Seine Länge ist $L_\mathrm{R} = 6\,\mathrm{mm}$. Die Struktur des Drucksiebes ist gut zu erkennen. Aussparungen an beiden Seiten des Widerstandes gewährleisten einen ausreichenden Abstand zu den Vias der SIWs. In Abbildung 5.7b ist der simulierte Gegentaktreflexionsfaktor über der Frequenz aufgetragen. Dabei wurden Flächenwiderstände zwischen $12{,}7\,\Omega$ und $20{,}9\,\Omega$ simuliert, um über 95% der zu erwartenden Widerstände zu erfassen. Für Frequenzen oberhalb von 17,5 GHz liegt der Reflexionsfaktor dabei immer unterhalb von $-20\,\mathrm{dB}$. Mit einer Fläche von ca. $27{,}8\,\mathrm{mm}^2$ kann der Dickschichtwiderstand rechnerisch eine Leistung von über 10 W einschließlich Sicherheitsfaktor umsetzten.

Messung

Abbildung 5.8a zeigt ein Foto der Mittellage des Messaufbaus des Leistungsteilers vor dem Verpressen. Der komplette Aufbau wird in Abbildung 5.8b gezeigt. Für die Messung ist der Teiler mit zusätzlichen Mikrostreifenleitungen und koaxialen Schraubverbindern ausgestattet. Der Netzwerkanalysator wird auf die eingezeichneten Referenzebenen in der SIW-Struktur kalibriert. Abbildung 5.9 zeigt ein Schnittbild durch den Leistungsteiler. Die Dicke des gedruckten Widerstandes beträgt 30 µm.

Die simulierten und gemessenen Streuparameter sind in Abbildung 5.10 aufgetragen. Die schlechtere Anpassung an Tor 1 führt in der Messung zu einer höheren Einfügedämpfung als in der Simulation. Bei einer Frequenz von 17,7 GHz beträgt die Dämpfung zwischen Tor 1 und 3 in der Simulation 3,6 dB, in der Messung 5,3 dB. Die Dämpfung zwischen Tor 2 und Tor 3 beträgt bei derselben Frequenz 3,4 dB und 4 dB in Simulation bzw. Messung. Die

[2] CST Microwave Studio der CST AG.

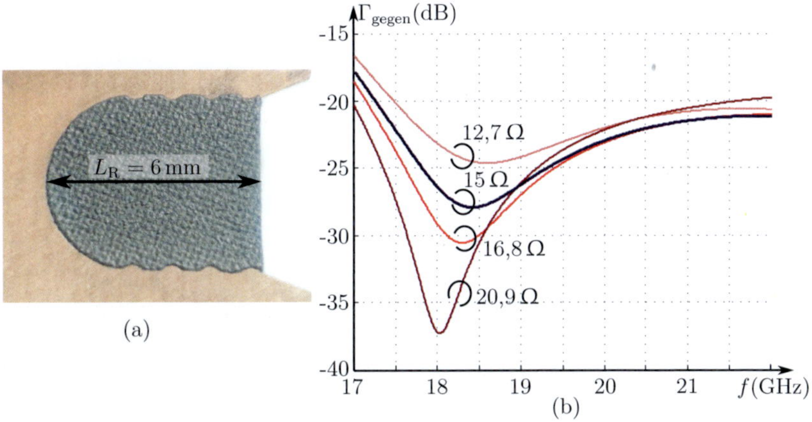

Abbildung 5.7: a) Gedruckter Dickschicht-Widerstand und b) simulierte Gegentakt-Reflexion des für unterschiedliche Flächenwiderstände.

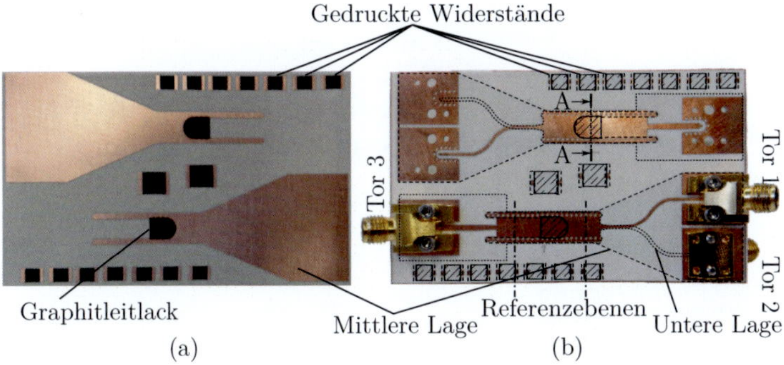

Abbildung 5.8: a) Strukturierte Innenlage mit Dickschicht-Widerständen und b) Aufbau des SIW-Teilers.

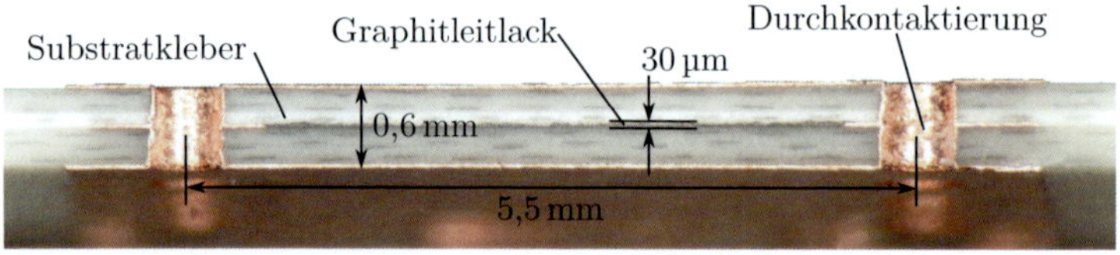

Abbildung 5.9: Schnitt A-A durch den SIW-Teiler.

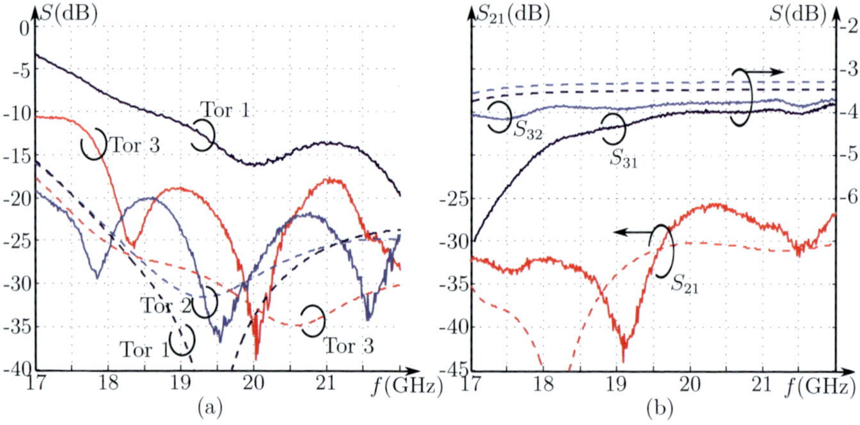

Abbildung 5.10: Gemessene (—) und simulierte (---) a) Reflexions- und b) Transmissionsfaktoren des SIW-Teilers.

geforderte hohe Isolation zwischen den Toren 1 und 2 von mehr als 25 dB — in der Simulation sogar mehr als 30 dB — erfüllt der Teiler in der gesamten gemessenen Bandbreite.

5.1.3 Hohlleiterübergang

Eine wesentliche Komponente des aktiven Moduls ist der Übergang zwischen den Leiterplatten der Module und den Antennen in Hohlleitertechnik. SIW-Hohleiter-Übergänge, bei denen die Leiterplatte senkrecht zum Hohlleiter angeordnet ist, wurden in [144], [146], [185], [186] veröffentlicht. Diese Übergänge sind für die in Abschnitt 4.1 beschriebene Architektur

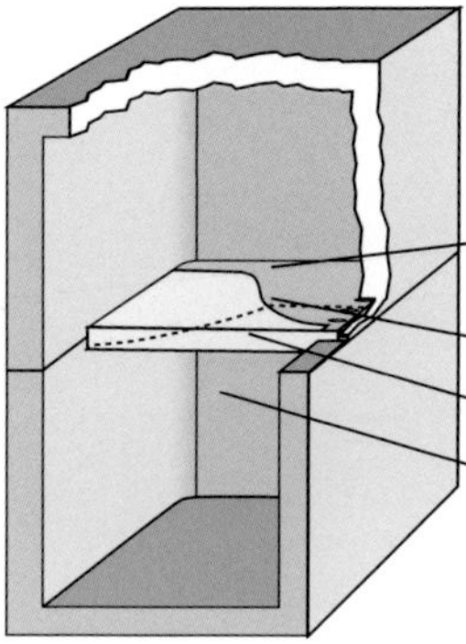

Abbildung 5.11: SIW-auf-Hohlleiter-Übergang.

mit einer parallelen Anordnung von Leiterplatten und Antennenapertur geeignet. Für den vorgesehenen Aufbau müssen die Ausrichtung von SIW und Hohlleiter übereinstimmen. Beispiele für solche Übergänge sind in [143], [187]–[190] zu finden.

Abbildung 5.11 zeigt einen geeigneten Übergang. Das Substrat der Leiterplatte, auf der der SIW geführt wird, ragt dabei in die Hohlleiter. Zwischen SIW und Hohlleiter befindet sich eine sich kontinuierlich aufweitende Flossenleitung[3]. Ähnliche Übergänge wurden mit einem linearem [191] oder geschwungenem Verlauf [145], [192] veröffentlicht. Die Geometrie wird dabei in der Regel durch Optimierung der gesamten Struktur in einem numerischen Simulationsprogramm bestimmt.

Eine systematische Entwurfsmethode für SIW-Hohlleiter-Übergänge mit Flossenleitung wurde in [193] veröffentlicht. Diese Methode wird im Folgenden beschrieben und für den Entwurf der Übergänge für die aktiven Module angewandt.

Struktur des Übergangs

Abbildung 5.12a zeigt den SIW-Hohlleiter-Übergang. Die Verteilung des elektrischen Feldes in unterschiedlichen Schnitten entlang der Struktur ist in Abbildung 5.12b schematisch dargestellt. Auf der linken Seite ist das Substrat von beiden Seiten komplett metallisiert.

[3] *Engl. finline*

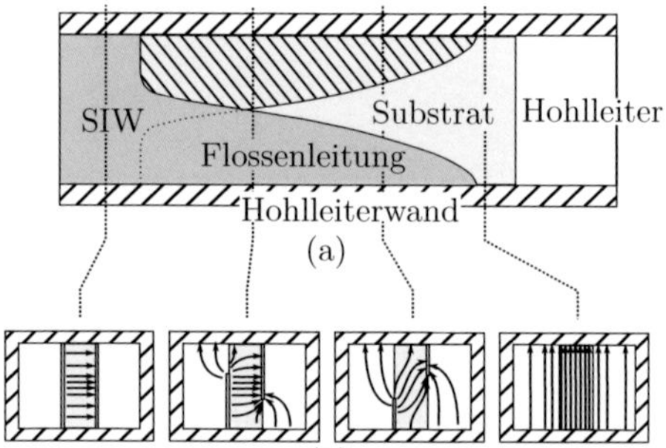

Abbildung 5.12: a) Form des Übergangs und b) schematische Darstellung der Änderung des elektrischen Feldes entlang des Übergangs.

Das Feld befindet sich ausschließlich im Substrat und formt die TE_{10}-Mode des SIW. Wird die Metallisierung an den entgegengesetzten Kanten des Substrates entfernt, ersteckt sich das Feld teilweise in den Hohlleiter. Die so entstehende Struktur wird als antipodale Flossenleitung bezeichnet. Entlang des Übergangs wird die Flossenleitung kontinuierlich geöffnet, bis der Querschnitt einem teilweise dielektrisch gefüllten Hohlleiter entspricht. Das Feld im Hohlleiter ist dabei orthogonal zu dem Feld im SIW am Anfang des Übergangs.

Zur Beschreibung und Synthese kontinuierlicher Übergänge kann die Theorie der kleinen Reflexionen herangezogen werden [87], [194]. Das Prinzip ist in Abbildung 5.13 dargestellt. Die Last Z_L schließt eine Leitung mit dem ortsabhängigen Wellenwiderstand $Z(z)$ ab. Die kontinuierliche Änderung von Z bewirkt an jedem Punkt z eine kleine Reflexion $\delta\Gamma_i$. Dabei ist die Änderungsrate der Impedanz so gering, dass Reflexionen höherer Ordnung vernachlässigt werden können. Die Gesamtreflexion Γ am Anfang der Struktur ergibt sich aus der Überlagerung der kleinen Reflexionen. Anstelle der geometrischen Koordinate z wird im Folgenden die Phasenlaufzeit τ verwendet.

Der Reflexionsfaktor bei der Frequenz f ist damit

$$\Gamma(f) = \int_0^{\tau_t} \delta\Gamma\left(\tau, f\right) e^{-j2\cdot 2\pi\tau f} \mathrm{d}\tau, \tag{5.5}$$

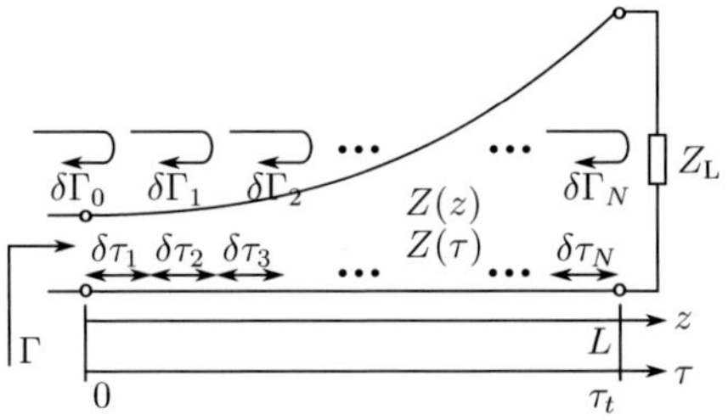

Abbildung 5.13: Reflexion am Eingang des Übergangs gemäß der Theorie der kleinen Reflexionen.

wobei τ_t die gesamte Phasenlaufzeit des Übergangs ist. Die Phasenlaufzeit an Punkt z ist

$$\tau(z,f) = \int_0^z \frac{\sqrt{\varepsilon_{eff}(\tilde{z},f)}}{c_0} \mathrm{d}\tilde{z}. \tag{5.6}$$

$\varepsilon_{eff}(z,f)$ ist dabei die effektive (relative) Permittivität und c_0 die Vakuumlichtgeschwindigkeit. Die kleinen Reflexionen entlang des Übergangs werden über

$$\delta\Gamma(\tau,f) = \frac{Z(\tau+\delta\tau,f) - Z(\tau,f)}{Z(\tau+\delta\tau,f) + Z(\tau,f)} \text{ für } \delta\tau \to 0 \tag{5.7}$$

berechnet.

Eigenschaften der antipodalen Flossenleitung

Für den Entwurf des Übergangs müssen Wellenwiderstand und effektive Permittivität der antipodalen Flossenleitung bekannt sein. Die Grundmode dieser Leitung ist im allgemeinen hybrid [195]. Methoden, die — wie in [196]–[198] für unilaterale und bilaterale Flossenleitungen verwendet — auf dem Zusammenhang zwischen Ausbreitungskonstante und Wellenwiderstand von TE- oder TM-Moden basieren [88], können daher nicht angewandt werden. Eine Definition der Impedanz über Spannung und/oder Strom ist ebenfalls nicht

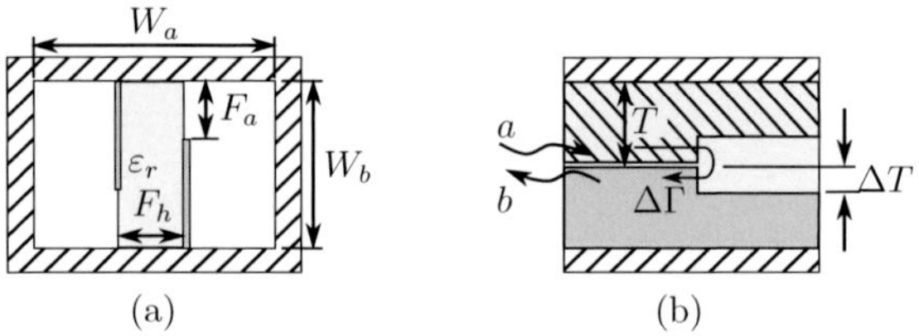

Abbildung 5.14: a) Geometrie einer antipodalen Flossenleitung. b) Reflexion an einer Sprungstelle zur Berechnung der Impedanz.

praktikabel, da sich das Feldbild entlang des Übergangs deutlich ändert. Daher wird die Impedanz der antipodalen Flossenleitung über den Reflexionsfaktor definiert [199], [200].

Abbildung 5.14a zeigt den Querschnitt einer antipodalen Flossenleitung. Das Substrat hat die Dicke $F_h = 0{,}6\,\text{mm}$. Es wird ein WR51-Hohlleiter mit den Innenmaßen $W_a = 12{,}95\,\text{mm}$ und $W_b = 6{,}45\,\text{mm}$ verwendet. Die Öffnung der Flossenleitung ist F_a. Für die Beschreibung des Übergangs wird die relative Flossenleitungsöffnung $T = F_a/W_b$ eingeführt. Eine sprunghafte Änderung der Öffnung um ΔT führt, wie in Abbildung 5.14b gezeigt, zu einer Reflexion $\Delta\Gamma(T, \Delta T) = \frac{b}{a}$. Dabei sind a und b die Amplituden der ein- bzw. auslaufenden Welle. Es werden nur die Grundmoden der Leitung betrachtet. Ist der Wellenwiderstand für T bekannt, ergibt sich jene für $T + \Delta T$ zu

$$Z(T + \Delta T) = Z(T)\frac{1 - \Delta\Gamma(T, \Delta T)}{1 + \Delta\Gamma(T, \Delta T)}. \tag{5.8}$$

Da nach Gleichung 5.7 lediglich relative Werte benötigt werden, wird die Impedanz durch Festlegung von $Z(T = 0) = 1$ normiert.

Der normierte Wellenwiderstand der antipodalen Flossenleitung wird für $0 < T \leq 1$ aus Vollwellensimulationen der in Abbildung 5.14b gezeigten Sprungstelle berechnet. Hierzu wird $\Delta\Gamma(T, \Delta T)$ durch Zeitbereichsrechnungen in *CST* bestimmt. Die Größe des Sprunges wird zu $\Delta T = 0{,}025$ festgelegt. Deutlich größere Werte führen zu einer ungenauen Diskretisierung und zu Fehlern durch verstärkt auftretende parasitäre Effekte, wie etwa die Anregung nicht ausbreitungsfähiger Moden. Zu kleine Werte von ΔT können zu numerischen Fehlern führen, wenn die Reflexion zu schwach ist. Die effektive Permittivität der

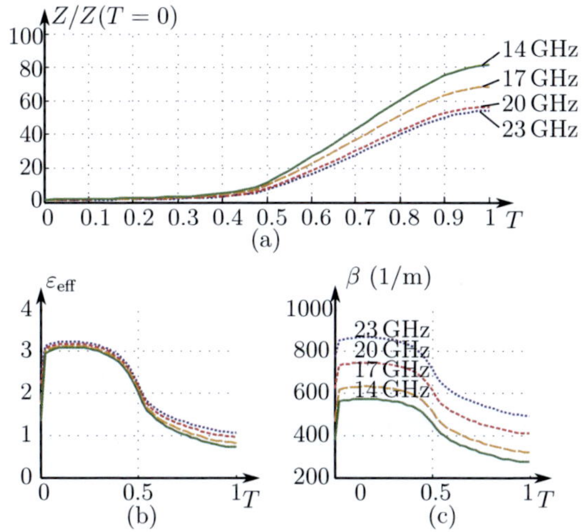

Abbildung 5.15: a) Normierter Wellenwiderstand, b) relative Permittivität und c) Phasenkonstante einer antipodalen Finline im WR51-Hohlleiter.

Flossenleitung wird nach der Simulation von kurzen Leitungsstücken aus der Phasenlaufzeit bestimmt.

Abbildung 5.15a zeigt den normierten Wellenwiderstand für $0 \leq T \leq 1$ und Frequenzen zwischen 14 und 23 GHz. Die effektive Permittivität und die Phasenkonstante sind in Abbildung 5.15b bzw. c aufgetragen. Die effektive Permittivität zeigt dabei nur eine schwache Frequenzabhängigkeit. Auffällig ist ein Sprung bei $T = 0$: Während die Grundmode der Struktur für $T > 0$ eine hybride Flossenleitungsmode ist, handelt es sich bei $T = 0$ um die TE_{10}-Mode des SIW.

Entwurf des Übergangs

Aufgrund des unterschiedlichen Verhaltens der Grundmoden von SIW und Flossenleitung wird zunächst ein Übergang zwischen diesen Leitungstypen entworfen und in *CST* optimiert. Das Ergebnis ist in Abbildung 5.16a dargestellt. Die Breite des SIW ist mit

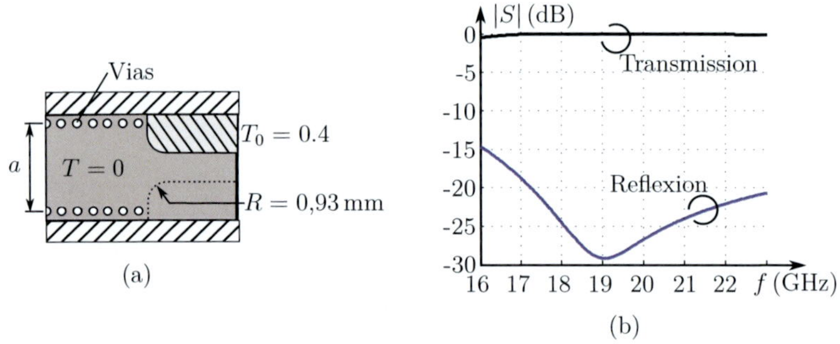

Abbildung 5.16: a) Geometrie und b) simulierter Reflexions- und Transmissionsfaktor des SIW-Flossenleitungs-Übergangs.

$a = 5{,}5\,\text{mm}$ festgelegt. Die Streuparameter des optimierten Übergangs werden in Abbildung 5.16b gezeigt. Die Flossenleitungsöffnung $T_0 = 0,4$ dient als Startwert für den kontinuierlichen Verlauf der Flossenleitung, der durch ein Syntheseverfahren erzeugt wird.

Das Ziel der Synthese ist, einen Verlauf $T(z)$ zu finden, der ein gewünschtes Frequenzverhalten des Reflexionsfaktors $\Gamma(f)$ am Eingang der Struktur ergibt. Dabei wird schrittweise vorgegangen:

1. $Z(T, f)$ und $\varepsilon_{eff}(T, f)$ werden für die vorgegebene Flossenleitungsgeometrie bestimmt, das Ergebnis ist in Abbildung 5.15 dargestellt.

2. Gemäß Gleichung 5.5 und 5.7 kann $Z(\tau)$ für $0 \leq \tau \leq \tau_t$ aus der inversen Fourier-Transformation von $\Gamma(f)$ bestimmt werden [194]. Voraussetzung ist, dass τ und $\delta\Gamma$ nicht frequenzabhängig sind. Dies kann angenommen werden, wenn ε_{eff} und Z innerhalb der betrachteten Bandbreite nicht stark frequenzabhängig sind.
   In der Praxis wird häufig ein bekannter Verlauf von $Z(\tau)$ – z.B. exponentiell oder Klopfenstein – gewählt, dessen $\Gamma(f)$ die Anforderungen erfüllt [87].

3. Der Verlauf der Flossenleitungsöffnung $T(\tau)$ wird durch Invertieren von Abbildung 5.15a aus $Z(\tau)$ gewonnen.

4. $\varepsilon_{eff}(\tau)$ wird nach Abbildung 5.15b aus $T(\tau)$ bestimmt.

5. Die geometrische Koordinate z wird durch Invertieren von Gleichung (5.6) zu

$$z(\tau) = \int_0^\tau \frac{c_0}{\sqrt{\varepsilon_{eff}(\tilde{\tau}, f_0)}} \mathrm{d}\tilde{\tau} \tag{5.9}$$

aus der elektrischen Koordinate τ bestimmt. Die Gesamtlänge der Struktur ist

$$L = \int_0^{\tau_t} \frac{c_0}{\sqrt{\varepsilon_{eff}(\tilde{\tau}, f_0)}} \mathrm{d}\tilde{\tau}. \tag{5.10}$$

6. Die Verlauf der Flossenleitung ist damit

$$\begin{pmatrix} T(\tau) \\ z(\tau) \end{pmatrix} \text{für } 0 \leq \tau \leq \tau_t. \tag{5.11}$$

Da bei dieser Methode nur die Kopplung von der vorwärtslaufenden in die reflektierte Grundmode beachtet wird, können sehr kurze oder steile Verläufe der Flossenleitung, bei denen gegebenenfalls nicht ausbreitungsfähige höhere Moden angeregt werden, nicht realisiert werden. Auch wird die Theorie der kleinen Reflexionen ungenau, wenn der Unterschied der Wellenwiderstände zwischen Anfang und Ende des Verlaufes sehr groß ist [194].

Das Entwurfsziel für die aktiven Module ist ein Reflexionsfaktor $\Gamma < -15\,\mathrm{dB}$ für $f > 16{,}5\,\mathrm{GHz}$. Es wird ein exponentieller Impedanzverlauf mit

$$Z(\tau) = Z_1 \mathrm{e}^{\ln(Z_2/Z_1)\tau/\tau_t} \tag{5.12}$$

gewählt. Der Reflexionsfaktor wird über Gleichung 5.5 und 5.7 zu

$$|\Gamma(f)| = \left| \frac{\ln(Z_2/Z_1)}{2} \operatorname{sinc}(2\tau_t f) \right| \tag{5.13}$$

berechnet. Er besitzt Nullstellen bei den Frequenzen f_n, bei denen die elektrische Länge des Verlaufes $\Theta_t(f_n) = 2\pi\tau_t f_n = n\pi$, $n > 0$ ist. Um das Entwurfsziel zu erfüllen, wird die Länge $\Theta_t(f_2 = 17{,}7\,\mathrm{GHz}) = 2\pi$ gewählt. Die normierten Impedanzen am Anfang und Ende des Verlaufes sind $Z_1 = Z(T = 0{,}4, f_2) = 3{,}9$ und $Z_2 = Z(T = 1, f_2) = 63{,}6$. Nach

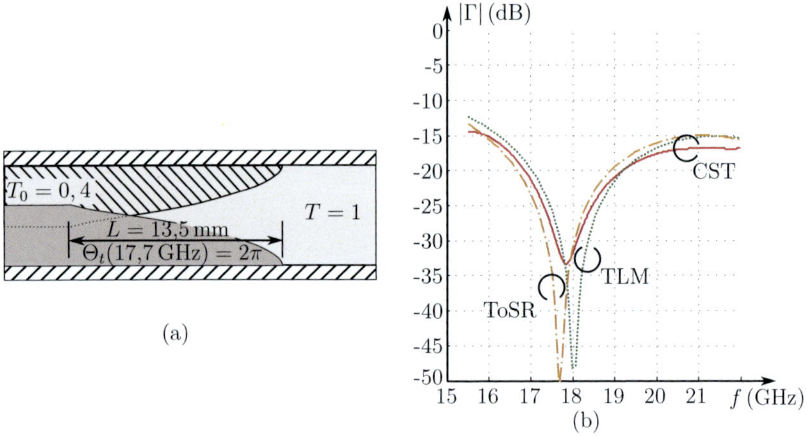

Abbildung 5.17: Synthetisierter Verlauf der Flossenleitung: a) Geometrie. b) Reflexionsfaktor nach der Theorie der kleinen Reflexionen (ToSR, –·–), über ein einfaches Leitungsmodell (TLM, ····) und im Vollwellenlöser berechnet (CST, —).

Gleichung 5.10 ergibt sich die geometrische Länge zu $L = 13{,}5$ mm. Abbildung 5.17a zeigt das Ergebnis der Synthese.

Der berechnete Reflexionsfaktor ist in Abbildung 5.17b dargestellt. Für die Synthese wurde die Theorie der kleinen Reflexionen (ToSR) verwendet. Ein einfaches Leitungsmodell (TLM), bei dem der Verlauf in 500 kurze Leitungsstücke geteilt wird, ist in der Lage Reflexionen höherer Ordnung zu berücksichtigen. Dies führt zu einer Verschiebung der Nullstelle um 300 MHz. Die Vollwellensimulation in *CST* ergibt schließlich eine Resonanz bei 17,85 GHz.

Um den SIW-Hohlleiter-Übergang zu vervollständigen, muss der Übergang zwischen dem teilweise mit Substrat gefüllten Hohlleiter bei $T = 1$ und dem leeren Hohlleiter betrachtet werden. Um die zusätzliche Reflexion an der Kante des Substrates zu minimieren, kann das Substrat wie in [143] oder [189] geformt werden. In dem betrachteten Fall ist es allerdings ausreichend, die Substratkante um $u = 1{,}5$ mm vom Ende des Flossenleitungsverlaufes zu entfernen. Der komplette Übergang mit SIW-Finline-Übergang und Via-Reihen auf beiden Seiten ist in Abbildung 5.18a dargestellt. Abbildung 5.18b zeigt einen Vergleich zwischen

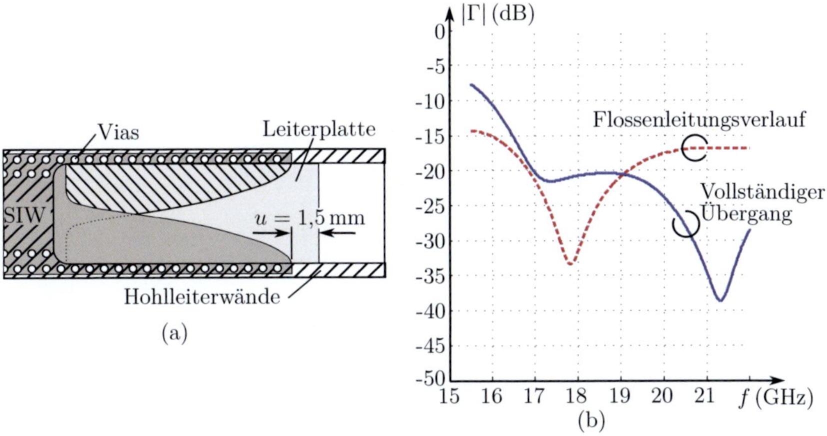

Abbildung 5.18: a) Geometrie und b) simulierter Reflexionsfaktor des SIW-Hohlleiter-Übergangs.

den simulierten Reflexionsfaktoren des vollständigen Übergangs und des synthetisierten Flossenleitungsverlaufs. Trotz einer deutlichen Änderung des Frequenzverhaltens erfüllt auch der vollständige Übergang das Entwurfsziel.

Messergebnisse

Um die Simulationsergebnisse messtechnisch zu verifizieren, wird eine sog. *Back-to-Back*-Anordnung verwendet. Diese besteht aus zwei der zu untersuchenden Hohlleiter-SIW-Übergänge, die durch ein kurzes Stück SIW verbunden sind. Abbildung 5.19a zeigt ein Foto des Aufbaus. Mess- und Simulationsergebnisse sind in Abbildung 5.19b aufgetragen. Die gemessene Einfügedämpfung des *Back-to-Back*-Aufbaus ist für $f > 17{,}7\,\mathrm{GHz}$ kleiner als 0,9 dB. Die Dämpfung eines einzelnen Übergangs ist demnach kleiner als 0,45 dB.

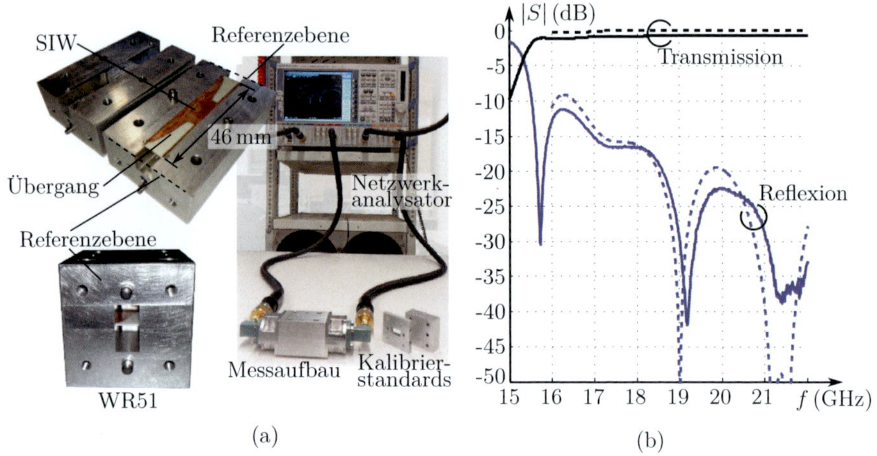

Abbildung 5.19: a) Messaufbau in *Back-to-Back*-Konfiguration, b) simulierte (---) sowie gemessene (—) Reflexions- und Transmissionsfaktoren.

5.2 Integration der Leistungsverstärker

Wie bereits in der Einleitung dieses Kapitels beschrieben, werden die Leistungsverstärker in LTCC-Gehäusen integriert, die beidseitig auf der Trägerleiterplatte aufgebracht werden.

5.2.1 Integrationskonzept

Die Gehäuse müssen einen möglichst kleinen Wärmewiderstand aufweisen, um einen unzulässigen Temperaturanstieg der SSPAs und damit eine Verringerung deren Lebensdauer zu vermeiden. In Abschnitt 4.2 wurde ein maximaler thermischer Widerstand von 2,4 K/W als Entwurfsziel festgelegt. Wie in Abschnitt 3.1.2 erläutert, gibt es drei Möglichkeiten, die Verstärkers im Gehäuse thermisch an die Heatpipes anzubinden [201]. Für eine Vergleichsrechnung wird angenommen, dass etwa die halbe Chipfläche von 3,5 mm × 4,5 mm für den Wärmetransport genutzt wird. Die Wandstärke des Gehäuses beträgt 920 µm. Werden keine speziellen Maßnahmen getroffen und der SSPA direkt auf die Keramik aufgesetzt, wird

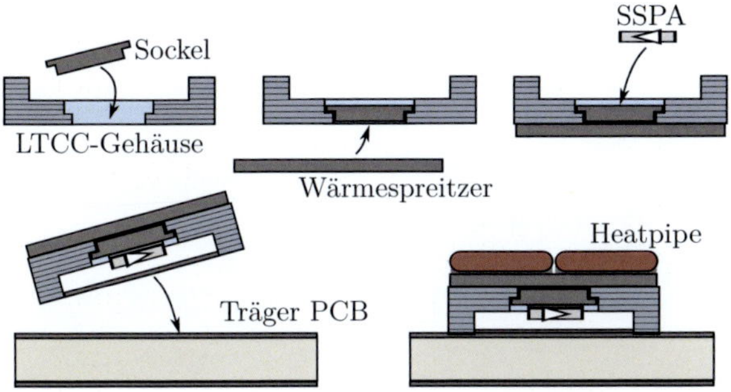

Abbildung 5.20: Schrittweises Bestücken und Aufbringen des LTCC-Gehäuses.

ein Wärmewiderstand von etwa 25,4 K/W erreicht. Werden thermische Vias verwendet, kann der Widerstand auf 2,96 K/W verringert werden. Erst mit einem metallischen Sockel aus Wolfram-Kupfer kann schließlich ein ausreichend kleiner Wert von 0,5 K/W erreicht werden.

Die Schritte für die Bestückung und das Aufbringen der LTCC-Gehäuse werden in Abbildung 5.20 gezeigt. In der LTCC sind eine Kavität für die SSPAs und ein Fenster für den Sockel vorgesehen. Dieser wird als erstes eingesetzt und mit einem metallischen Wärmespreizer auf der Unterseite des Gehäuses verlötet. Der Spreizer sorgt für eine ausreichend große Fläche für die Wärmeabfuhr. Die SSPAs werden auf den Sockel aufgesetzt und mit Bonddrähten an die Leitungen im Gehäuse angebunden. Zusätzlich werden Kondensatoren für die Gleichspannungsversorgung eingesetzt und gebondet. Wird ein hermetischer Abschluss gefordert, wird die Kavität nun mit einem metallischen Deckel geschlossen. Das bestückte Gehäuse wird auf die Trägerleiterplatte aufgelötet. Zuletzt werden die Heatpipes auf den Wärmespreitzer geklebt.

5.2.2 Entwurf der Übergänge

Für die HF-Signale werden zwei Arten von Übergängen benötigt: Die Signale müssen von der Trägerleiterplatte in das Gehäuse geführt werden. Dort wird schließlich eine Schnittstelle zum Verstärker benötigt.

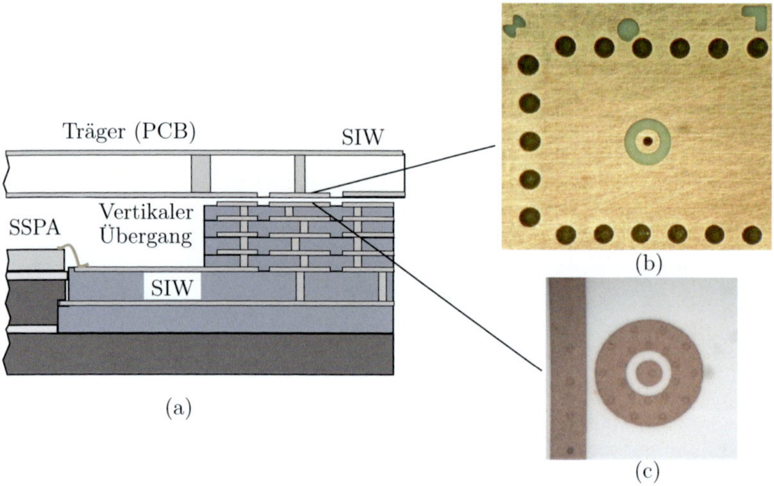

Abbildung 5.21: SIW-Übergang von Träger auf Gehäuse. a) Aufbau, Fotos der Lötkontakte auf b) dem Träger und c) dem Gehäuse.

Träger auf Gehäuse

Die Nutzung von SIWs ist nicht nur auf dem Träger sondern auch im Gehäuse vorteilhaft. Im Gegensatz zu Mikrostreifenleitungen müssen keine besonderen Maßnahmen getroffen werden, um die SIW aus Kavitäten herauszuführen. Gegenüber der symmetrischen Streifenleitung ist das Anbinden der SSPAs deutlich einfacher [139]. Abbildung 5.20a zeigt den Übergang von der Trägerleiterplatte in das Gehäuse. Die Kavität, in der die SSPAs integriert sind, hat eine Tiefe von vier LTCC-Schichten mit zusammen 920 µm.

Die vertikale Signalführung durch die Wand der Kavität bildet eine Koaxialleitung nach [99]. Der Innenleiter besteht aus übereinander angeordneten Vias. Aus technologischen Gründen sind diese von Lage zu Lage versetzt. Der Außenleiter wird durch kreisförmig angeordnete Vias realisiert. Die SIWs in Gehäuse und Träger sind durch je ein Via an den koaxialen Übergang angekoppelt und in einer Entfernung von etwa einer viertel Wellenlänge dazu kurzgeschlossen. Dies ist die SIW-Nachbildung eines der klassischen Koaxial-auf-Hohlleiter-Übergänge. Die Abbildungen 5.21b und c zeigen die Lötkontakte auf dem Träger bzw. dem Gehäuse.

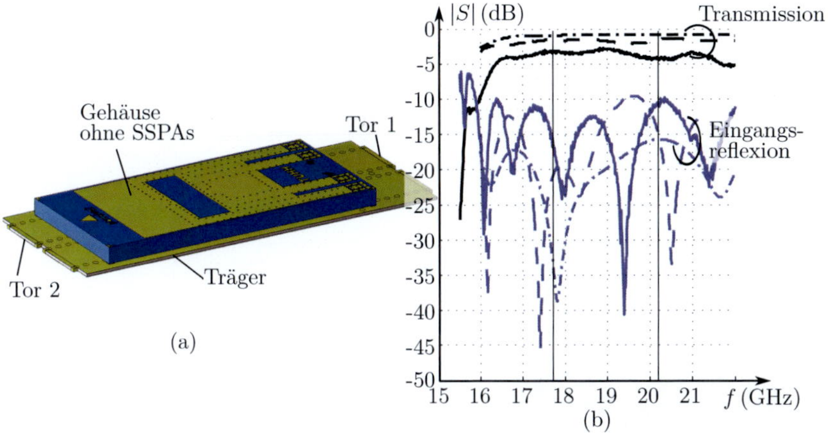

Abbildung 5.22: a) Simulationsmodell des passiven Gehäuses, b) gemessene (—) und simulierte (---) Reflexions- und Transmissionsfaktoren, sowie Simulationsergebnisse eines einzelnen Übergangs (–·–).

In Abbildung 5.22a ist das Simulationsmodell eines Gehäuses dargestellt. In diesem Gehäuse sind keine SSPAs integriert. Stattdessen werden die vertikalen Übergänge direkt durch einen SIW verbunden. Simulations- und Messergebnisse für diesen Aufbau werden in Abbildung 5.22b gezeigt. Zusätzlich sind die simulierten Reflexions- und Transmissionsfaktoren eines einzelnen Übergangs aufgetragen. Seine maximale Einfügedämpfung liegt im Band zwischen 17,7 und 20,2 GHz bei 0,9 dB. Für das Gehäuse mit zwei Übergängen liegt die maximale Dämpfung in der Simulation bei 2,1 dB und in der Messung bei 4,4 dB. Die Unterschiede zwischen Simulation und Messung können durch die Ungenauigkeit beim Aufbringen der LTCC auf die Trägerleiterplatte und dem anschließenden Lötprozess erklärt werden.

SIW auf SSPA

Der zweite zu betrachtende Übergang ist der zwischen dem SIW im Gehäuse und dem SSPA. Abbildung 5.23a zeigt ein Foto eines GaN-SSPA mit Anbindung an die SIWs. Ein 1,5 mm langer SIW-auf-CPW-Übergang wird hierzu verwendet. Die Leitungen auf dem

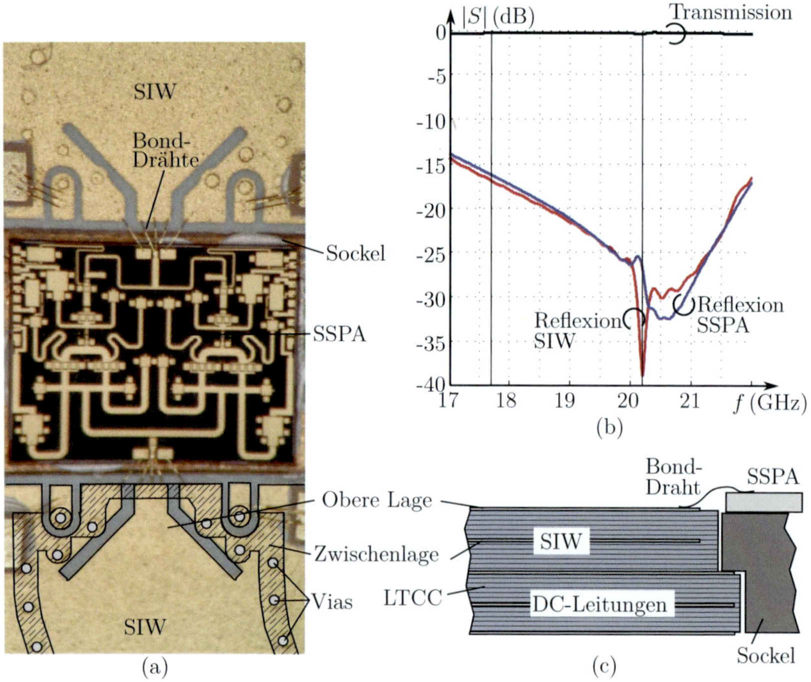

Abbildung 5.23: a) Foto des SIW-SSPA-Übergangs, simulierte Reflexions- und Transmissionsfaktoren sowie b) Schnitt.

MMIC werden über mehrere Bonddrähte mit dem SIW-Übergang verbunden. Wie in der Schnittskizze in Abbildung 5.23c gezeigt, werden für den SIW zwei LTCC-Schichten verwendet. Auf der Metalllage dazwischen befindet sich die in das Foto eingezeichnete Struktur. Durch diese Zwischenlage wird die Induktivität der Bonddrähte teilweise kompensiert, sodass eine breitbandige Anpassung zwischen SIW und MMIC möglich ist. Der metallische Sockel, auf dem die SSPAs aufgesetzt werden, hat eine gestufte Form. So kann er direkt mit der unteren Metalllage des SIW verbunden werden, sodass die bestmögliche elektrische Anbindung der Massefläche auf der Chip-Unterseite erreicht wird.

Abbildung 5.23b zeigt die simulierten Transmissions- und Reflexionsfaktoren für den Übergang. Die Rückflussdämpfung liegt im gesamten relevanten Band bei über 16 dB, die Einfü-

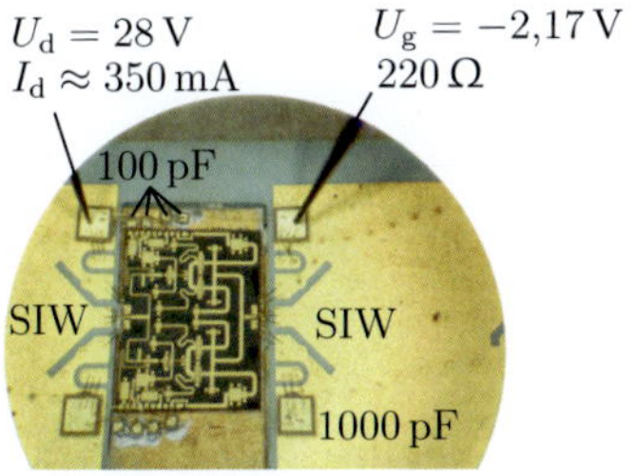

(a)

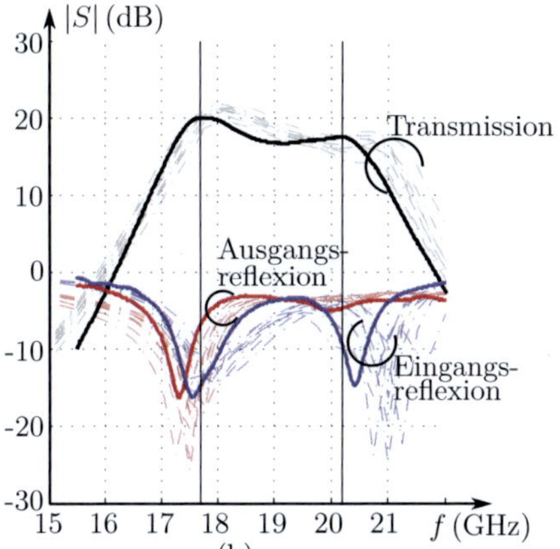

(b)

Abbildung 5.24: a) Messaufbau des 10 W-Verstärkers, b) gemessene Reflexions- und Transmissionsfaktoren des integrierten SSPAs (—) und *On-Wafer*-Messungen (-·-, [151]).

gedämpfung bei unter 0,4 dB. Für die Gleichspannungsversorgung der Leistungsverstärker sind zwei weitere LTCC-Schichten unterhalb der SIW vorgesehen. Die dazwischen geführten Leitungen werden über Vias an die SSPAs herangeführt. Neben den Chips werden Stützkondensatoren unterschiedlicher Größe integriert. Diese sind in Abbildung 5.24a zu erkennen. Das Foto zeigt einen Messaufbau für den gebondeten Leistungsverstärker. Der verwendete 10 W-Verstärker wird in [151] beschrieben. Die Referenzebenen des Netzwerkanalysators liegen bei der Messung in den SIWs am Ein- und Ausgang des SSPA.

Die Ergebnisse der Kleinsignalmessung sind in Abbildung 5.24b im Vergleich mit *On-Wafer*-Messungen mehrerer SSPAs aufgetragen. Die Verstärkung des gebondeten MMIC ist um weniger als 2 dB kleiner als die eines einfachen Chips. Die Dämpfung eines einzelnen Übergangs ist also kleiner als 1 dB. Die Anpassung des SSPA liegt im schlechtesten Fall bei 3 dB. Dies wird durch die Übergänge nicht wesentlich verschlechtert. Eine zusätzliche Anpassstruktur konnte aufgrund der starken Streuung zwischen den einzelnen MMICs — die Phase des Eingangsreflexionsfaktors unterscheidet sich zwischen zwei Chips um bis über 60° — nicht realisiert werden. Es muss an dieser Stelle angemerkt werden, dass die verwendeten SSPAs in GaN-Technologie Gegenstand aktueller Forschung und keine kommerziellen Produkte sind. Es ist daher mit einer deutlichen Verringerung der Streuung

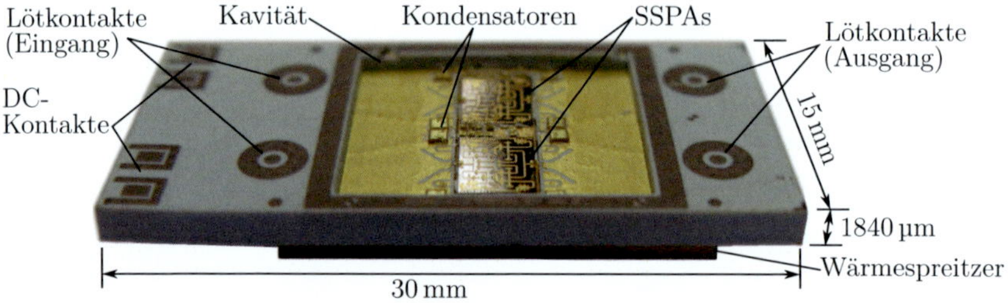

Abbildung 5.25: Foto des LTCC-Gehäuses mit zwei integrierten GaN-SSPAs.

zwischen den Chips und einer Verbesserung der Anpassung zu rechnen, sobald Verstärker dieser Leistungsklasse kommerziell verfügbar werden.

5.2.3 Untersuchung des Gehäuses

Das Gehäuse hat eine Grundfläche von 15 mm × 30 mm. Thermomechnische Untersuchungen von Lötverbindungen zwischen organischen Leiterplatten und LTCC-Gehäusen mit ähnlichen Maßen wurden in [99], [202] veröffentlicht. In dem Gehäuse werden zwei SSPAs nebeneinander integriert, sodass bei einer doppelseitigen Bestückung der aktiven Module eine ausreichend große Leistung zur Verfügung steht. Ein komplett bestücktes Gehäuse ist in Abbildung 5.25 zu sehen. Jeder SSPA verfügt über ein eigenes Versorgungsnetzwerk, sodass die Arbeitspunkte unabhängig eingestellt werden können.

Das bestückte Gehäuse wird zunächst ohne Trägerleiterplatte vermessen. Der Messaufbau ist in Abbildung 5.26a dargestellt. Die Kavität ist während der Messung durch einen metallischen Deckel verschlossen und die Versorgung beider Verstärker ist eingeschaltet. HF-Messspitzen werden direkt auf die Lötkontakte aufgesetzt. Der Netzwerkanalysator ist auf die Enden der Messspitzen kalibriert. Das HF-Verhalten des Gehäuses wurde ebenfalls simuliert. Für die gebondeten SSPAs wurden dazu die Ergebnisse der im vorherigen Abschnitt vorgestellten Messungen verwendet. Simulations- und Messergebnisse des Gehäuses sind in Abbildung 5.26b aufgetragen. Der allgemeine Verlauf der Kurven stimmt dabei überein. Allerdings ist die gemessene Verstärkung im interessierenden Band geringer

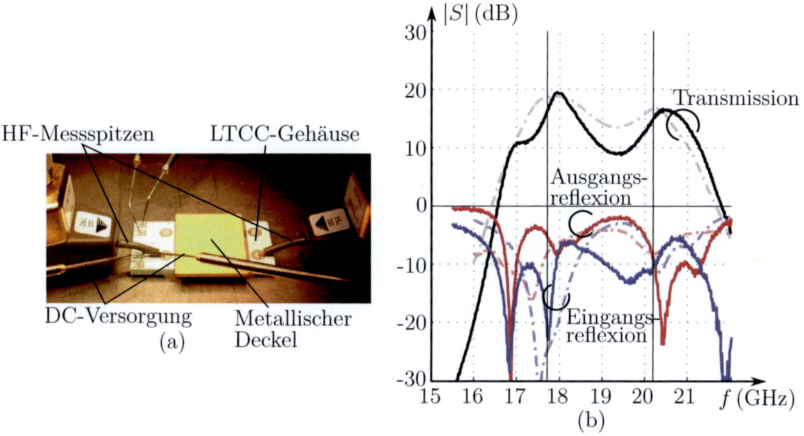

Abbildung 5.26: Verstärker in LTCC-Gehäuse: a) Messaufbau b) gemessene Reflexions- und Transmissionsfaktoren (—) im Vergleich mit Simulationsergebnissen (-·-).

als erwartet. Das Verhalten kann zum einen auf die in Abbildung 5.24b gezeigte Streuung zwischen den SSPAs und zum anderen auf Fertigungstoleranzen der LTCC-Module zurückgeführt werden.

Das Gehäuse wird anschließend im *Reflow*-Prozess auf eine Trägerleiterplatte aufgelötet. Das Ergebnis ist in Abbildung 5.27a dargestellt. Für die Wärmeabfuhr werden Heatpipes verwendet. Eine Kühler-Lüfterkombination dient im Versuchsaufbau als Wärmesenke. Ein auf der Leiterplatte befestigter Rahmen erleichtert das Aufsetzten des Gehäuses. Messergebnisse für diesen Aufbau sind in Abbildung 5.27b dargestellt. Der Vergleich mit der Messung des Gehäuses ohne Trägerleiterplatte zeigt nur geringe Unterschiede. Die schlechte Anpassung des SSPA zeigt sich auch hier durch die geringere Rückflussdämpfung an Ein- und Ausgang.

In Abbildung 5.28 ist die Ausgangsleistung eines der Verstärker über der verfügbaren Eingangsleistung aufgetragen. Dafür wurde bei dem Messaufbau aus Abbildung 5.27a der Netzwerkanalysator durch einen Signalgenerator und einen Spektralanalysator ersetzt. Die Dämpfung des Messaufbaus, insbesondere der HF-Messspitzen, Leitungen und Dämpfungsglieder zum Schutz der Geräte werden herausgerechnet, sodass die gezeigte Ausgangsleis-

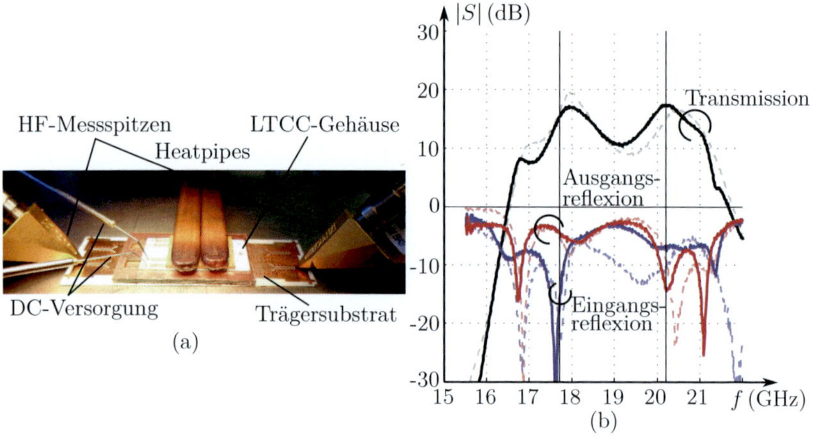

Abbildung 5.27: a) Messaufbau auf Trägersubstrat, sowie b) gemessene Reflexions- und Transmissionsfaktoren (—) im Vergleich mit den Messergebnissen ohne Träger (vgl. Abb. 5.26, ---).

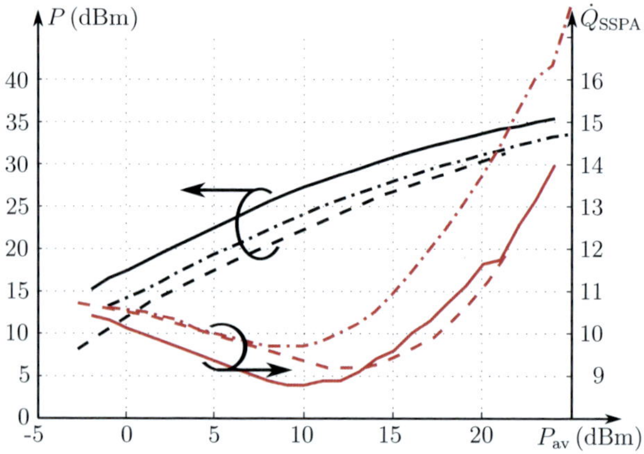

Abbildung 5.28: Ausgangsleistung und Wärmestrom eines SSPA im Gehäuse bei 18 GHz (—), 18,95 GHz (---) und 20,2 GHz (-·-).

tung P auf den SIW auf der Trägerleiterplatte bezogen ist. Die Sättigungsausgangsleistung des Verstärkers wurde mit den zur Verfügung stehenden Signalquellen nicht erreicht. Die maximale Leistung von 35,4 dBm entspricht allerdings beinahe dem gewünschten Arbeitspunkt. Der aus der DC-Eingangsleistung berechnete Verlustwärmestrom $\dot{Q}_{\mathrm{SSPA}}$ wird ebenfalls in dem Diagramm gezeigt. Bei der maximalen Ausgangsleistung und einer Frequenz von 18 GHz entspricht der Wärmestrom mit ca. 14 W den Erwartungen. Dabei wird ein Wirkungsgrad von 18,4% erreicht. Ohne Gehäuse liegt der Wirkungsgrad des Verstärkers bei derselben Frequenz und Ausgangsleistung zwischen ca. 16 und 25% [151]. Der maximale gemessene Wärmestrom beträgt 17,8 W bei einer Frequenz von 20,2 GHz.

5.2.4 Thermische Untersuchung

Das Konzept zur Wärmeabfuhr aus den Gehäusen der SSPAs wurde in Abschnitt 5.2.1 vorgestellt. Die Ergebnisse der thermischen Untersuchungen der Gehäuse werden an dieser Stelle erläutert.

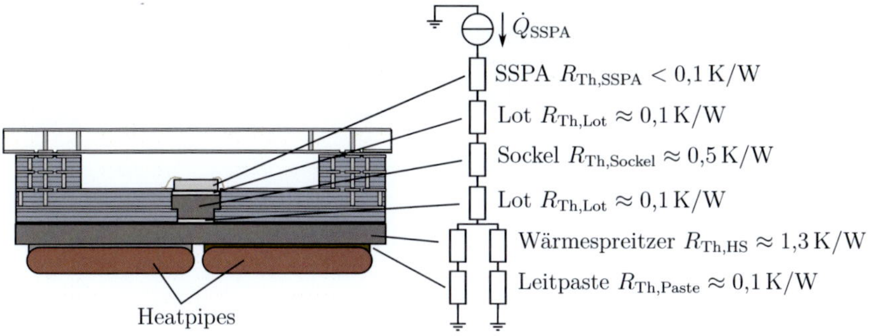

Abbildung 5.29: Abschätzung des Wärmewiderstandes des Gehäuses.

Zunächst wird ein einfaches thermisches Ersatzschaltbild des Gehäuses aufgestellt. Dieses ist in Abbildung 5.29 dargestellt. Der Wärmewiderstand des Sockels wurde bereits mit 0,5 K/W abgeschätzt. Hinzu kommen der Widerstand des SSPA, der Lötverbindungen, des Wärmespreizers und der Wärmeleitpaste am Übergang auf die Heatpipes. Für den Experimentalaufbau werden zwei parallele Heatpipes verwendet. Der Wärmewiderstand des Gehäuses ist damit $R_{\mathrm{Th,Gehäuse}} \approx 1{,}5\,\mathrm{K/W}$. Nach der Abschätzung aus Abschnitt 4.2

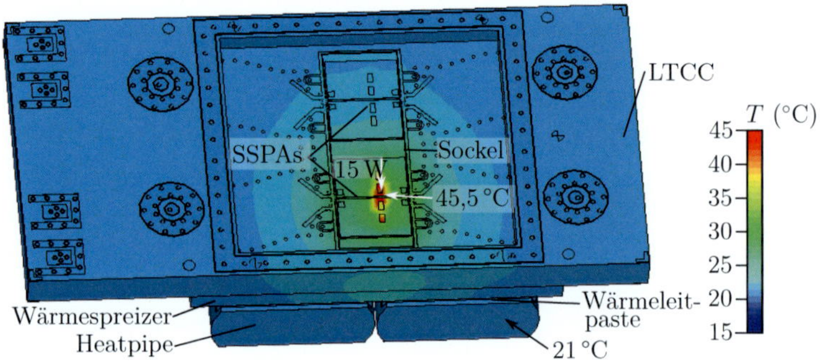

Abbildung 5.30: Simulierte Temperaturverteilung des Gehäuses bei Betrieb eines SSPA mit 15 W Verlustleistung.

erreicht die Temperatur an den Heatpipes für große Antennen mit bis zu 91 Beams etwa 64 °C. Die Maximaltemperatur der SSPAs liegt damit bei 86,5 °C.

Die Temperaturverteilung im Gehäuse wurde mit dem stationären Thermallöser von *CST* berechnet. Abbildung 5.30 zeigt das Ergebnis. Dabei wurde einer der beiden Verstärker mit einem Wärmestrom von 15 W beaufschlagt. Dieser teilt sich auf die Transistoren des SSPAs auf, die als Wärmequellen modelliert werden. Der simulierte Temperaturanstieg gegenüber den Heatpipes beträgt 24,5 K, der Wärmewiderstand liegt mit 1,63 W/K leicht über der Abschätzung. Die Temperaturverteilung im Inneren der Schaltung wird im Schnittbild in Abbildung 5.31 gezeigt. Die wesentliche Temperaturerhöhung ist direkt an den Wärmequellen zu sehen. Die Trägerleiterplatte ist thermisch kaum mit den Verstärkern gekoppelt. Hier steigt die Temperatur nur unwesentlich.

Für die bisher vorgestellten Abschätzungen und Untersuchungen wurde angenommen, dass die SSPAs in einem Gehäuse thermisch kaum gekoppelt sind. Um dies zu prüfen, wird eine Simulation mit zwei parallel betriebenen Verstärkern durchgeführt. Die resultierende Temperaturverteilung ist in Abbildung 5.32 dargestellt. Der maximale Temperaturanstieg ist dabei um 1,2 K höher, als wenn nur ein SSPA betrieben wird. Dies zeigt, dass die beiden Verstärker thermisch gut entkoppelt sind.

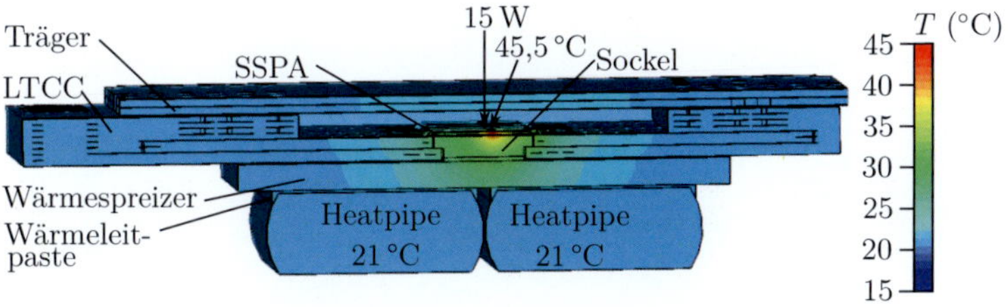

Abbildung 5.31: Darstellung der simulierten Temperaturverteilung des Gehäuses bei Betrieb eines SSPA mit 15 W Verlustleistung im Schnittbild.

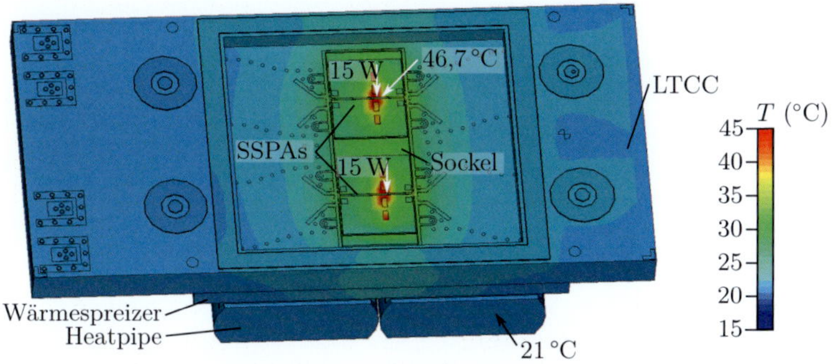

Abbildung 5.32: Simulierte Temperaturverteilung der integrierten SSPAs mit je 15 W Verlustleistung.

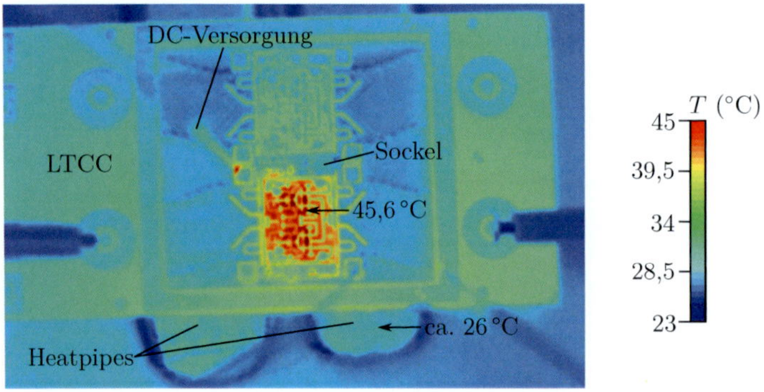

Abbildung 5.33: Wärmebild eines integrierten SSPA bei einem Wärmestrom von 11,2 W.

Die tatsächliche Temperaturverteilung im Gehäuse wird in dem Wärmebild in Abbildung 5.33 gezeigt. Eine Aussage über die absolute Temperatur ist insbesondere bei reflektierenden Oberflächen schwierig. Hier helfen Vergleichsmessungen mit einem Kontaktthermometer. Der Wärmestrom des SSPA beträgt 11,2 W. Die Maximaltemperatur auf dem Chip liegt bei ca. 45,6 °C, die Temperatur der Heatpipes bei etwa 26 °C. Der Wärmewiderstand des Gehäuses entspricht mit 1,75 K/W damit ungefähr der Vorhersage.

5.3 Untersuchung der aktiven Module

Nachdem die Einzelkomponenten des aktiven Moduls entworfen und charakterisiert sind, werden diese zu einem Verstärkermodul zusammengefügt. Dabei wird zunächst das Verhalten der passiven Komponenten untersucht. Anschließend werden die Leistungsverstärker eingesetzt.

5.3.1 Passiver Versuchsaufbau

Die in Abschnitt 5.1 beschriebenen Hohlleiterübergänge, Leistungsteiler und SIW-Speisungen werden zu dem in Abbildung 5.34a gezeigten passiven Versuchsaufbau zusammengefügt. Die Tore 1, 2 und 3 sind mit Mini-SMP-Steckverbindern bestückt. Für die Messung

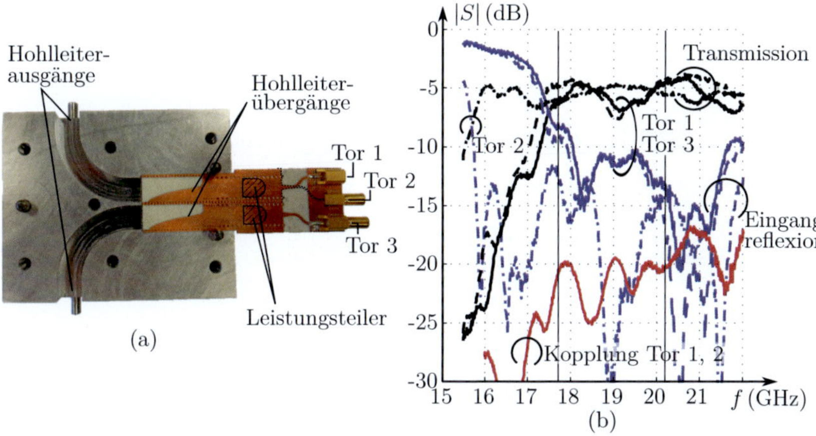

Abbildung 5.34: a) Messaufbau und b) Messergebnisse des Moduls ohne SSPAs.

werden koaxiale Adapter zwischen den Messleitungen des Netzwerkanalysators und den Mini-SMP-Steckern verwendet. Zusammen mit den Hohlleiter-Koaxial-Adaptern an den Ausgängen des Versuchsaufbaus tragen diese mit etwa 1 dB zur gemessenen Dämpfung bei. Die Messergebnisse des passiven Versuchsaufbaus sind in Abbildung 5.34b aufgetragen. Die Eingangsreflexion an allen drei Toren ist für den größten Teil des interessierenden Frequenzbandes kleiner als −10 dB. Die Dämpfung zwischen den Eingängen und dem jeweils zugehörigen Hohlleiter-Ausgang liegt im Mittel bei 6 dB und höchstens bei 7,6 dB für Tor 3. Die Isolation zwischen den Eingängen und dem jeweils falschen Hohlleiter liegt bei über 40 dB. Die maximale Kopplung zwischen den Toren 1 und 2 im interessierenden Frequenzbereich ist kleiner als −19 dB. Diese Eingänge sind über den Leistungsteiler verbunden und speisen denselben Hohlleiterausgang. Sie werden für Beams mit der gleichen Polarisation und unterschiedlichen Frequenzen genutzt. Die Kopplung zwischen Tor 3 und den Toren 1 bzw. 2 liegt bei unter −40 dB.

5.3.2 Gesamtaufbau

Ein unbestücktes aktives Modul ist in Abbildung 5.35 dargestellt. Neben den Gehäusen der Leistungsverstärker auf der Ober- und Unterseite des Moduls fehlen die koaxialen

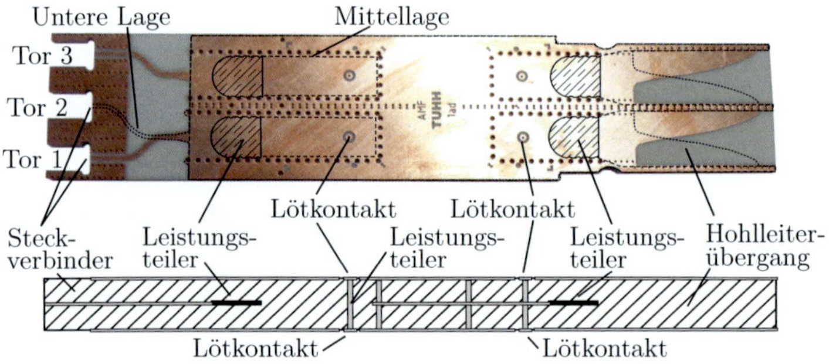

Abbildung 5.35: Foto und Schnittskizze eines unbestückten Moduls.

Steckverbinder an den Eingängen und die Hohlleiter an den Ausgängen. Die Umrisse der mittleren und der unteren Lage sowie der Dickschichtwiderstände der Leistungsteiler sind in das Foto eingezeichnet. Die Abbildung zeigt zusätzlich einen skizzierten Schnitt durch den Aufbau.

Die Eingangssignale der Tore 1 und 2 werden durch den ersten Leistungsteiler zusammengeführt. Ein zweiter Teiler wird benötigt, um das kombinierte Signal den Verstärkern auf der Ober- und Unterseite der Leiterplatte zuzuführen. Bei diesem Leistungsteiler wird keine Isolation zwischen den Ausgängen benötigt. Daher kann er, wie in Abbildung 5.36a gezeigt, mit dem Übergang von der Leiterplatte auf die LTCC-Gehäuse kombiniert werden. Die gezeigte doppelseitig bestückte Trägerleiterplatte ist eine symmetrische Struktur. Zur Untersuchung einer Gleichtaktanregung kann die Symmetrieebene durch eine elektrisch leitfähige Fläche ersetzt werden. Die resultierende Schaltung entspricht dem einfachen Gehäuseübergang, der in Abschnitt 5.2.2 erläutert wurde. Durch eine leichte Nachoptimierung der Geometrie werden in der Simulation die in Abbildung 5.36b gezeigten S-Parameter erreicht. Die Eingangsreflexion liegt bei unter $-20\,\mathrm{dB}$, die Transmission zwischen dem Eingang und den Ausgängen bei $-3{,}1\,\mathrm{dB}$. Da dieser Teiler prinzipiell verlustlos ist, sind die Ausgänge nicht angepasst. Ihre Reflexionsfaktoren und die Kopplung zwischen ihnen liegt bei etwa $-6\,\mathrm{dB}$.

Der gleiche Leistungsteiler ist grundsätzlich auch geeignet, die verstärkten Signale aus den SSPAs auf der Ober- und Unterseite des Moduls wieder zu vereinigen. Für den Experimentalaufbau wird an dieser Stelle allerdings wieder der Leistungsteiler mit dem Dick-

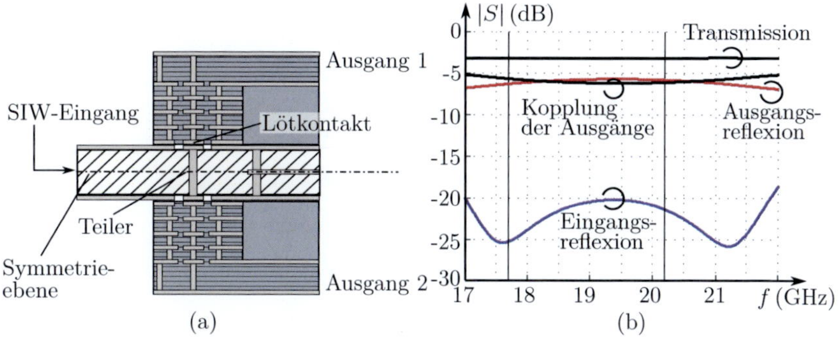

Abbildung 5.36: Leistungsteiler für doppelseitige Bestückung: a) Skizze und b) simulierter Reflexions- und Transmissionsfaktor.

schichtwiderstand eingesetzt. So ist ein Betrieb auch bei deutlichen Unterschieden der Transmissionsfaktoren der Verstärker oder bei Ausfall eines Verstärkers möglich.

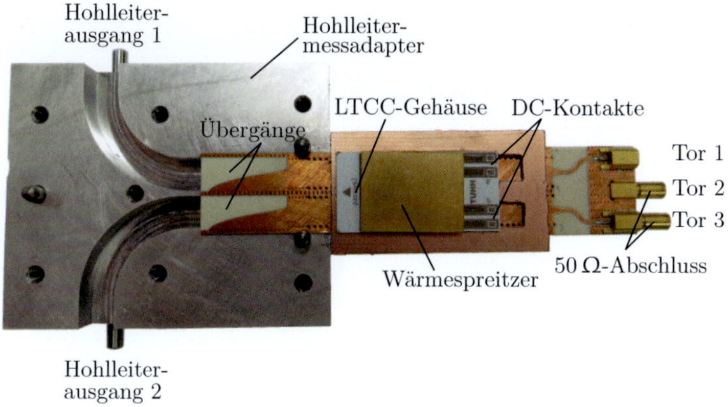

Abbildung 5.37: Foto eines bestückten Moduls im Messaufbau.

Ein bestücktes Modul wird in Abbildung 5.37 gezeigt. Die jeweils nicht für die Messung verwendeten Mini-SMP-Eingänge sind mit 50 Ω-Widerständen abgeschlossen. Die Tore 1 und 2 speisen den Hohlleitausgang 1, Tor 3 den Ausgang 2. Auf dem Foto fehlen die

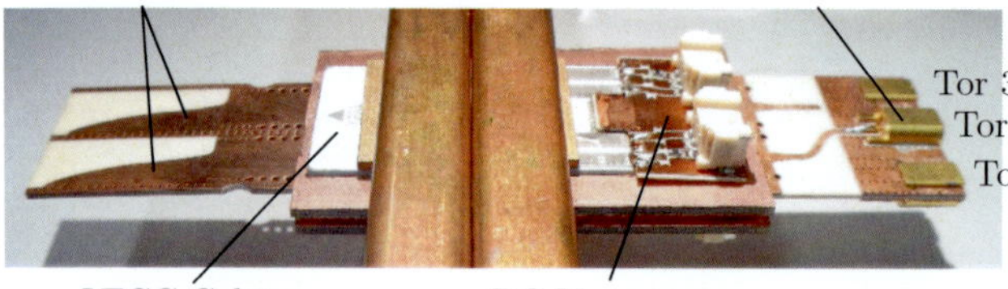

Abbildung 5.38: Experimentalaufbau des aktive Moduls (Unterseite, im Bild ohne Hohlleiter).

Heatpipes, die auf die Wärmespreitzer der Gehäuse aufgesetzt werden, und Steckverbinder für die Gleichspannungsversorgung. In Abbildung 5.38 ist die Unterseite des Moduls zu sehen. Heatpipes führen die Wärme von der Ober- und Unterseite der Gehäuse ab. Für die Gleichspannungsversorgung sind separate Leiterplatten aufgebracht.

5.3.3 Messergebnisse des aktiven Moduls

Der Gewinn des aktiven Moduls ist durch den Leistungsteiler am Eingang idealerweise um 3 dB kleiner als der der Verstärker im Gehäuse. Nach den Messergebnissen des passiven Moduls, die die Dämpfung der Mini-SMP-Stecker, der Hohlleiterübergänge und der Messadapter enthalten, ist sogar mit 6 dB Verlusten zu rechnen. Die Ergebnisse der Kleinsignalmessung für die Tore 1 und 2 des aktiven Moduls werden in Abbildung 5.39 gezeigt. Durch die Dämpfung der Leistungsteiler ist die Reflexion an den Eingängen kleiner als für einen einzelnen Verstärker im Gehäuse. Die Transmission zwischen den koaxialen Eingängen und dem jeweils zugehörigen Hohlleiterausgang ist für wesentliche Teile des interessierenden Bandes um 3 bis 5 dB — für Tor 1 maximal 7 dB, für Tor 2 bis zu 10 dB — kleiner als die des gehäusten Verstärkers. Für eine reale Anwendung werden daher Vorverstärker in den Modulen benötigt. Die Kopplung zwischen den Eingängen und dem jeweils falschen Hohlleiter ist bis 20 GHz kleiner als −30 dB und erreicht bei 20,3 GHz mit −24 dB für Tor 1 und −29 dB für Tor 2 ihr Maximum.

Das Ausgangsspektrum des aktiven Moduls bei gleichzeitiger Nutzung durch zwei Beams ist in Abbildung 5.40 dargestellt. Tor 1 des Moduls wird mit einem Signal bei 19,25 GHz,

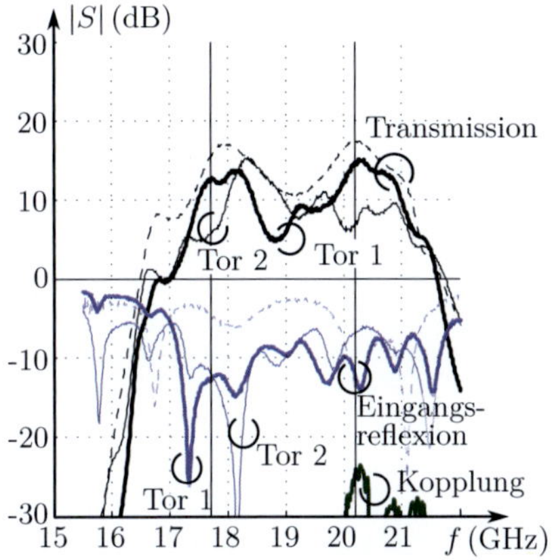

Abbildung 5.39: Gemessene Reflexions- und Transmissionsfaktoren (—) im Vergleich mit den Messergebnissen aus Abb. 5.27 (---).

Tor 2 bei 18,75 GHz gespeist. In der Abbildung sind die Ergebnisse von drei Messungen gezeigt. Die Eingangsleistung an Tor 1 beträgt dabei −10 dBm, 0 dBm und 10 dBm. An

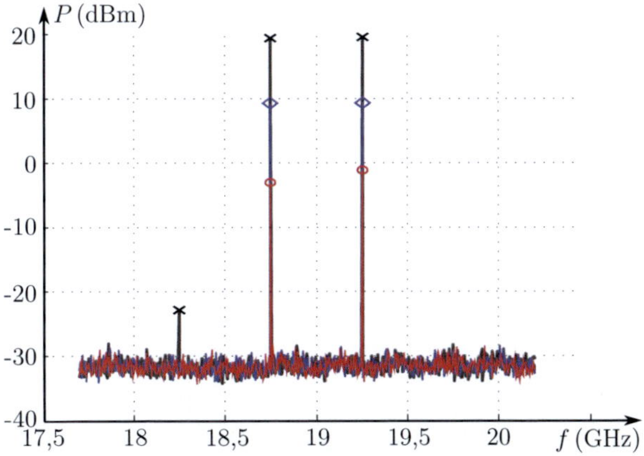

Abbildung 5.40: Ausgangsspektrum eines aktiven Moduls bei Nutzung durch zwei Beams.

Tor 2 wird wegen der größeren Verstärkung bei der geringeren Frequenz eine um je etwa 2 dB geringere Leistung angelegt. Im linearen Bereich liegt die Leistung des Modulationsproduktes bei 18,25 GHz um mehr als 42 dB unterhalb der Trägersignale. Eine Messung im nichtlinearen Bereich konnte mit den vorhandenen Signalquellen nicht durchgeführt werden.

5.4 Systembetrachtung

Aus dem Experimentalaufbau kann das Verhalten eines kompletten Moduls einer aktiven MFB-Antenne abgeleitet werden. Dazu wird das in Abbildung 5.41 gezeigte Blockschaltbild verwendet. Die Stellkomponenten werden über Steckverbinder mit dem Verstärkermodul verbunden. Dieses Modul entspricht im Wesentlichen dem vorgestellten Experimentalaufbau. Es werden lediglich zusätzliche Vorverstärker benötigt, um die Gesamtverstärkung zu erhöhen und die benötigte Eingangsleistung für die SSPAs zur Verfügung zu stellen.

In der Abbildung sind die Leistungspegel für die Signale von zwei Beams mit der gleichen Polarisation, die die gezeigte Speiseantenne nutzen, angegeben. Für einen SSPA im LTCC-Gehäuse wird 35,5 dBm als maximale Ausgangsleistung im *Back-Off* angenommen. Durch den doppelseitigen Aufbau stehen damit 38,5 dBm zur Verfügung. Wie in Abschnitt 2.3.1 beschrieben, wird das System für ein Leistungsverhältnis von 1:0,5 zwischen den benachbarten Beams B1 und B2 ausgelegt. Die Leistung des Signals von B1 nach den SSPAs beträgt damit höchstens 37,1 dBm, die von B2 34,1 dBm. Am Ausgang des Moduls kommen zu der Dämpfung des Hohlleiterübergangs von 0,45 dB die Verluste des Septumpolarisators und der Antennen. Zusammen wird hierfür 1 dB angenommen. Die gesamte Ausgangsleistung liegt somit bei maximal 37,5 dBm, die von B1 bei 36,1 dBm beziehungsweise etwa 4 W. Der komplette Beam hat somit eine maximale Sendeleistung von 28,5 W.

Die Auswahl der weiteren Komponenten ist vergleichsweise unkritisch. Die Vorverstärker liefern im linearen Betrieb eine Leistung von etwa 27 dBm. Hier eignen sich GaAs-Verstärker mit einer Sättigungsleistung von bis zu 2 W. Mit einem Wirkungsgrad von etwa 10% produziert jeder Vorverstärker einen Wärmestrom von bis zu 4,5 W, der ebenfalls über die Heatpipes abgeführt werden muss. Bei der vorgestellten Architektur können zusätzliche

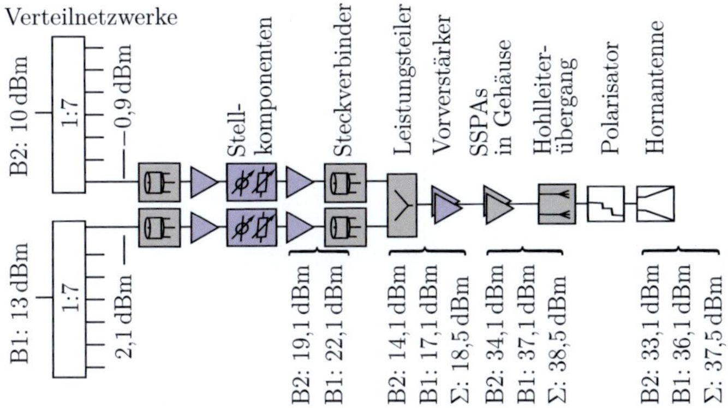

Abbildung 5.41: Abschätzung der Leistungspegel im aktiven Modul.

Heatpipes über die gesamte Länge des Moduls angebracht werden, sodass auch die Wärme der bisher nicht betrachteten Komponenten abgeführt werden kann.

Die Signalleistung von B1 am Eingang des Verteilnetzwerkes beträgt nach der Abschätzung ungefähr 13 dBm. Dabei werden die gemessenen Dämpfungen des radialen Teilers und der Komponenten des aktiven Moduls einbezogen. Für die aktiven Module mit Vorverstärkern und SSPAs zusammen sowie für die Stellkomponenten mit ihren Verstärkern wird ein Gewinn von je 20 dB angesetzt.

Diese Untersuchung zeigt, dass trotz der verlustbehafteten Leiterplattentechnologie und trotz der im Vergleich zu TWTAs geringen Verstärkung der SSPAs an keiner Stelle im System große Leistungen und damit große Verluste auftreten. Abgesehen von der Ausgangsstufe der Verstärkermodule liegen die Pegel nirgendwo bei über einem halben Watt. Die Dämpfung der Verteilnetzwerke, der Stellkomponenten, oder beim Zusammenführen der Beams spielt somit für Leistungsbilanz und Thermalmanagement des Systems nur eine untergeordnete Rolle. Die erreichbare Sendeleistung ist für die betrachtete Anwendung ausreichend.

6 Zusammenfassung

Gerade in abgelegenen Regionen mit einer schlecht ausgebauten Infrastruktur bieten Kommunikationssatelliten eine wirtschaftliche Möglichkeit, viele Menschen mit Internetzugängen zu versorgen. An die Sendeantenne eines solchen Satelliten können dazu die folgenden Anforderungen gestellt werden: Eine hohe Gesamtdatenrate ist für eine großflächige Versorgung notwendig. Ein kompaktes Antennensystem mit einer geringen Masse verringert die anteiligen Kosten des Satelliten. Ein rekonfigurierbares System erlaubt eine Änderung der Ausrichtung der Antenne, sodass auf veränderte Anforderungen reagiert werden kann. In der vorliegenden Arbeit wird aufgezeigt, dass diese Anforderungen durch die Integration von Halbleiterleistungsverstärkern in aktive Antennen für geostationäre Satelliten erfüllt werden können. Hierzu werden *Multiple-Feed-per-Beam*-Antennen betrachtet, bei denen jeder Beam durch eine Gruppe von Speiseantennen erzeugt wird.

Mit einer Sendeleistung von lediglich 25 W pro Beam kann der größte Teil der Erde mit einer Verfügbarkeit von mindestens 99,7% und einer Datenrate von über 250 MHz versorgt werden. Die wesentlichen Nachteile passiver MFB-Antennen sind die fehlende Flexibilität, die geringere Direktivität und der praktisch vorhandene Zwang, die gesamte Anordnung in Hohlleitertechnik umzusetzen. Bei einer aktiven Antenne werden die Leistungsverstärker direkt an den Speiseantennen integriert. Daher kann ein verlustbehaftetes Strahlformungsnetzwerk eingesetzt werden. Durch den Einsatz von Leiterplattentechnologie wird so ein kompakter Aufbau möglich. Durch Integration von Phasen- und Amplitudenstellern wird die Antenne rekonfigurierbar. Zudem kann der Leistungsbedarf der Verstärker durch die gemeinsame Nutzung von Leistungsverstärkern durch mehrere benachbarte Beams verringert werden. Zur Integration der SSPAs ist LTCC-Technologie besonders gut geeignet. Für die weiteren planaren Aufbauten wird auf konventionelle Leiterplattentechnik zurückgegriffen. SIWs eignen sich aufgrund ihrer geringen Dämpfung und der guten Integrierbarkeit in Mehrlagenaufbauten.

Für die aktive MFB-Antenne wird eine modular erweiterbare Architektur gewählt, bei der die aktiven Module senkrecht zur Apertur der Hornantennen angeordnet werden. Für die Strahlformungsnetzwerke wird ein radialer 1:7-Leistungsteiler in SIW-Technik vorgeschlagen. Zur Integration der SSPAs in die aktiven Module werden LTCC-Gehäuse in SIW-Technik entwickelt. Durch eine direkte Anbindung an Heatpipes wird ein geringer Wärmewiderstand für die Leistungsverstärker erreicht.

Im Rahmen dieser Arbeit wird gezeigt, dass Halbleiterleistungsverstärker in aktiven MFB-Antennen integriert werden können. Trotz der hohen Integrationsdichte und des vergleichsweise geringen Wirkungsgrades der SSPAs ist es möglich, die Wärme aus der Antenne abzuführen. Für die gezeigten Aufbauten werden experimentelle GaN-Verstärker mit einer Sättigungsleistung von 10 W verwendet. Es kann durch den praktischen Aufbau eines aktiven Moduls gezeigt werden, dass eine ausreichende Sendeleistung mit der heute verfügbaren Halbleiter- und Verbindungstechnologie erreicht werden kann. Ausgehend von der Entwicklung der letzten Jahre, kann davon ausgegangen werden, dass SSPAs mit noch höheren Wirkungsgraden und Ausgangsleistungen in naher Zukunft verfügbar seien werden.

Abkürzungsverzeichnis

AMF .... *Active Multi Feed*

BFN .... Strahlformungsnetzwerk, *engl. Beam Forming Network*

CNIR .... Träger-zu-Rausch-und-Interferenz-Verhältnis, *engl. Carrier-to-Interference-plus-Noise Ratio*

CNR .... Träger-Rausch-Verhältnis, *engl. Carrier-to-Noise Ratio*

CPW .... Koplanarleitung, *engl. Coplanar Waveguide*

CTE .... Wärmeausdehnungskoeffizient, *engl. Coefficient of Thermal Expansion*

DC .... Gleichstrom, *engl. Direct Current*

DF .... Kennzeichnung für Antennen für Signale mit unterschiedlicher Frequenz, *engl. Dual Frequency*

DFP .... Kennzeichnung für Antennen für Signale mit unterschiedlicher Frequenz und Polarisation, *engl. Dual Frequency/Polarization*

DP .... Kennzeichnung für Antennen für Signale mit unterschiedlicher Polarisation, *engl. Dual Polarization*

DVB-RCS ...... *Engl. Digital Video Broadcasting - Return Channel via Satellite*, Standard für *Uplink* bei DVB-S

DVB-S2 .... *Engl. Digital Video Broadcasting - Satellite 2*, Standard für digitale (Video-)Datenübertragung per Satellit

GaAs .... Galliumarsenid

GaN .... Galliumnitrid

GEO .... Geostationärer Orbit, ca. 36 000 km Höhe *engl. Geostationary Earth Orbit*

HF .... Hochfrequenz

HTCC .... Hochtemperatur-Einbrand-Keramik, *engl. High Temperature Cofired Ceramics*

HTS .... Satellit mit hoher Datenrate, *engl. High Throughput Satellite*

IC .... Integrierte Schaltung, *engl. Integrated Circuit*

LCP .... Flüssigkristall-Polymer, *engl. Liquid Crystal Polymer*

LEO .... Niedrige Erdumlaufbahn, ca. 200 km bis 2000 km Höhe *engl. Low Earth Orbit*

LHCP .... Links zirkulare Polarisation, *engl. Left Handed Circular Polarization*

LTCC .... Niedertemperatur-Einbrand-Keramik, *engl. Low Temperature Cofired Ceramics*

LTE .... *Engl. Long Term Evolution*, Mobilfunkstandard

MEO .... Mittlere Erdumlaufbahn, ca. 2000 km bis weniger als 36 000 km Höhe *engl. Medium Earth Orbit*

MFB .... *Engl. Multiple-Feed-per-Beam*

MMIC .... Monolithisch integrierte Mikrowellenschaltung, *engl. Monolithic Microwave Integrated Circuit*

PAE .... Wirkungsgrad, *engl. Power Added Efficiency*

PCB .... Leiterplatte, *engl. Printed Circuit Board*

PEC .... Perfekter elektrischer Leiter, *engl. Perfect Electric Conductor*

PEEK .... Polyetheretherketon

PMC .... Perfekter magnetischer Leiter, *engl. Perfect Magnetic Conductor*

PTFE .... Polytetrafluorethylen

RHCP .... Rechts zirkulare Polarisation, *engl. Right Handed Circular Polarization*

SFB .... *Engl. Single-Feed-per-Beam*

SiC .... Siliziumcarbid

SIW .... Substrat-integrierter Wellenleiter

SLS .... Selektives Lasersintern

SSP .... Sub-Satelliten-Punkt

SSPA .... Halbleiter-Leistungsverstärker, *engl. Solid State Power Amplifier*

TLM .... Leitungsmodell, *engl. Transmission-Line Model*

ToSR .... Theorie der kleinen Reflexionen, *engl. Theory of Small Reflections*

TWTA .... Wanderfeldröhrenverstärker, *engl. Travelling Wave Tube Amplifier*

UMTS .... *Engl. Universal Mobile Telecommunications System*, Mobilfunkstandard

Via .... Durchkontaktierung, *lat. Pfad, Weg* oder *engl. Vertical Interconnect Access*

WLAN .... Drahtloses lokales Netzwerk, *engl. Wireless Local Area Network*

XPD .... Kreuzpolarunterdrückung, *engl. Cross Polar Discrimination*

Literaturverzeichnis

[1] M. Castells, „Bausteine einer Theorie der Netzwerkgesellschaft“, *Berliner Journal für Soziologie*, Bd. 11, Nr. 4, S. 423–439, 2001.

[2] Bundesministerium für Wirtschaft und Technologie, Hrsg., *Mit dem Patent zum Erfolg: Innovationsförderung für Unternehmen.* 2010.

[3] Statistisches Bundesamt (Destatis), Hrsg., *Statistisches Jahrbuch Deutschland und Internationales*, 1. Auflage. Wiesbaden, 2016.

[4] Statistisches Bundesamt (Destatis), Hrsg., *Ein Sozialbericht für die Bundesrepublik Deutschland*, Ser. Datenreport. Bundeszentrale für politische Bildung, Bonn, 2016.

[5] P. Biggs, Hrsg., *The State of Broadband 2015: Broadband as a Foundation for Sustainable Development.* ITU und UNESCO, Geneva, 2015.

[6] P. Biggs, Hrsg., *The State of Broadband 2016: Broadband Catalyzing Sustainable Development.* ITU und UNESCO, Geneva, 2016.

[7] International Telecommunication Union (ITU), Hrsg., *ICT Facts and Figures – The world in 2015.* Geneva, 2015.

[8] United Nations (UN), Hrsg., *Transforming our World: The 2030 Agenda for Sustainable Development.* New York, 2015.

[9] T. Pultarova, „Space Tycoons go Head to Head over Mega Satellite Network“, *Engineering & Technology*, Bd. 10, Nr. 2, S. 20, 2015.

[10] T. H. Dinh, D. Niyato und N. T. Hung, „Optimal Energy Allocation Policy for Wireless Networks in the Sky“, in *International Conference on Communications (ICC)*, 2015, S. 3204–3209.

[11] E. Lutz, „Co-Channel Interference in High-Throughput Multibeam Satellite Systems“, in *IEEE International Conference on Communication, Networks and Satellite (COMNESTAT)*, 2015, S. 885–891.

[12] International Telecommunication Union, *ITU-R G.114, One-way Transmission Time*, 5/2003.

[13] K. Kuhlmann, *Hochintegrierte aktive Sendeantenne für den Millimeterwellenbereich.* mvb - Mensch und Buch Verl., Berlin, 2013.

[14] S. Pan, D. Zhu, S. Liu, K. Xu, Y. Dai, T. Wang, J. Liu, N. Zhu, Y. Xue und N. Liu, „Satellite Payloads Pay Off“, *IEEE Microwave Magazine*, Bd. 16, Nr. 8, S. 61–73, 2015.

[15] I. Nakajima, K. Natada, T. Kitano und S. Inokuchi, „Required EMS Channels via Satellite Communications after Major Disaster“, in *14th International Conference on e-Health Networking, Applications and Services (Healthcom)*, 2012, S. 451–454.

[16] A. Heuberger, M. Hein, A. Mitschele-Thiel und S. Baumann, *MoSaKa - Mobile Satellitenkommunikation im Ka-Band: Schlussbericht.* TIB - Technische Informationsbibliothek Universitätsbibliothek Hannover, 2012.

[17] H. Goldstein, „Satellite Internet Access Withstands Haiti Quake“, *IEEE Spectrum*, Bd. 47, Nr. 3, S. 11–12, 2010.

[18] M. Kobayashi, „Experience of Infrastructure Damage Caused by the Great East Japan Earthquake and Countermeasures Against Future Disasters“, *IEEE Communications Magazine*, Bd. 52, Nr. 3, S. 23–29, 2014.

[19] T. M. Braun, *Satellite Communications Payload and System.* John Wiley & Sons, Inc, Hoboken, NJ, USA, 2012.

[20] P. W. Fortescue, J. Stark und G. Swinerd, *Spacecraft Systems Engineering*, 4. Aufl. Wiley, Hoboken N.J., 2011.

[21] H. Wolf, M. Schneider, S. Stirland und D. Scouarnec, „Satellite Multibeam Antennas at Airbus Defence and Space: State of the Art and Trends“, in *European Conference on Antennas and Propagation (EuCAP)*, 2014, S. 182–185.

[22] D. Serrano-Velarde, E. Lance, H. Fenech und G. Rodriguez-guisantes, „Novel Dimensioning Method for High-Throughput Satellites: Forward Link“, *IEEE Transactions on Aerospace and Electronic Systems*, Bd. 50, Nr. 3, S. 2146–2163, 2014.

[23] H. Fenech, A. Tomatis, S. Amos, V. Soumpholphakdy und D. Serrano-Velarde, „Future High Throughput Satellite Systems“, in *AESS European Conference on Satellite Telecommunications (ESTEL)*, 2012, S. 1–7.

[24] J. P. Choi und V. W. S. Chan, „Optimum Power and Beam Allocation Based on Traffic Demands and Channel Conditions over Satellite Downlinks“, *IEEE Transactions on Wireless Communications*, Bd. 4, Nr. 6, S. 2983–2993, 2005.

[25] D. Giggenbach, E. Lutz, J. Poliak, R. Mata-Calvo und C. Fuchs, „A High-Throughput Satellite System for Serving whole Europe with Fast Internet Service, Employing Optical Feeder Links“, in *9th ITG Symposium Broadband Coverage in Germany*, 2015, S. 1–7.

[26] G. Toso, „The Beauty of Multibeam Antennas“, in *European Conference on Antennas and Propagation (EuCAP)*, 2015, S. 1–5.

[27] O. Vidal, G. Verelst, J. Lacan, E. Alberty, J. Radzik und M. Bousquet, „Next Generation High Throughput Satellite System“, in *European Conference on Satellite Telecommunications (ESTEL)*, 2012, S. 1–7.

[28] H. Fenech, Amos, Tomatis und Soumpholphkakdy, „KA-SAT and Future HTS Systems“, in *International Vacuum Electronics Conference (IVEC)*, 2013, S. 1–2.

[29] R. Gehring, U. P. Hong, E. Reiche, N. Ratkorn, H. Wolf und C. Hunscher, *Mehrfach genutzte Antennenaperturen - MGAA: Technischer Bericht zum Fördervorhaben 50YB0502*. TIB - Technische Informationsbibliothek Universitätsbibliothek Hannover, 2007.

[30] P. Angeletti, C. Mangenot und G. Toso, „Recent Advances on Array Antennas for Multibeam Space Applications“, in *International Symposium on Antennas and Propagation & USNC/ URSI National Radio Science Meeting*, 2013, S. 2233–2234.

[31] S. K. Rao und M. Q. Tang, „Stepped-Reflector Antenna for Dual-Band Multiple Beam Satellite Communications Payloads“, *IEEE Transactions on Antennas and Propagation*, Bd. 54, Nr. 3, S. 801–811, 2006.

[32] E. Reiche, C. Hartwanger, U. P. Hong, R. Gehring und H. Wolf, „Space Qualification of K/Ka-Band Single Feed per Beam Feed Chains“, in *European Conference on Antennas and Propagation (EuCAP)*, 2015, S. 1–6.

[33] G. Y. Philippou und N. Adatia, „Shaped Reflectors for Multiple Beam Applications“, in *IEE Colloquium on Multiple Beam Antennas and Beamformers*, 1989, S. 1–3.

[34] M. Zhou und S. B. Sorensen, „Multi-Spot Beam Reflectarrays for Satellite Telecommunication Applications in Ka-Band“, in *European Conference on Antennas and Propagation (EuCAP)*, 2016, S. 1–5.

[35] M. Romier, R. Contreres und B. Palacin, „Overlapping Efficiency of Multiple Feed per Beam Concepts including Orthogonality Constraints“, in *European Conference on Antennas and Propagation (EuCAP)*, 2016, S. 1–5.

[36] E. Reiche, R. Gehring, M. Schneider, C. Hartwanger, U. Hong, N. Ratkorn und H. Wolf, „Space Fed Arrays for Overlapping Feed Apertures“, in *German Microwave Conference (GeMiC)*, 2008, S. 1–4.

[37] S. Egami, „A Power-Sharing Multiple-Beam Mobile Satellite in Ka Band“, *IEEE Journal on Selected Areas in Communications*, Bd. 17, Nr. 2, S. 145–152, 1999.

[38] R. Gehring, J. Hartmann, C. Hartwanger, U. Hong, N. Ratkorn, E. Reiche und H. Wolf, „Trade-Off for Overlapping Feed Array Configurations“, in *ESA Antenna Workshop on Multiple Beams and Reconfigurable Antennas*, 2007.

[39] M. Schneider, C. Hartwanger, E. Sommer und H. Wolf, „The Multiple Spot Beam Antenna Project MEDUSA“, in *European Conference on Antennas and Propagation (EuCAP)*, 2009, S. 726–729.

[40] ——, „Test Results for the Multiple Spot Beam Antenna Project MEDUSA“, in *European Conference on Antennas and Propagation (EuCAP)*, 2010, S. 1–4.

[41] M. Schneider, C. Hartwanger, E. Sommer und H. Wolf, *Mehrmodige Multi-Spot-Beam Antenne - MEDUSA : Technischer Bericht zum Fördervorhaben 50YB0714*. TIB - Technische Informationsbibliothek Universitätsbibliothek Hannover, 2010.

[42] C. Leclerc, H. Aubert, M. Romier und A. Annabi, „Design of Multiple Feed per Beam Antenna Based on a 3-d Directional Coupler Topology“, in *15th International Symposium on Antenna Technology and Applied Electromagnetics (ANTEM)*, 2012, S. 1–5.

[43] C. Leclerc, M. Romier, H. Aubert und A. Annabi, „Ka-Band Multiple Feed per Beam Focal Array Using Interleaved Couplers", *IEEE Transactions on Microwave Theory and Techniques*, Bd. 62, Nr. 6, S. 1322–1329, 2014.

[44] M. Schneider, N. Ratkorn, C. Hartwanger und H. Wolf, „Design and Space Qualification of the MEDUSA Feed", in *APS Topical Conference on Antennas and Propagation in Wireless Communications (APWC)*, 2013, S. 1077–1080.

[45] D. Schobert, E. Reiche, C. Hartwanger, M. Schneider und H. Wolf, „Active Re-Configurable Multibeam Reflector Antenna for Satellite Application", in *German Microwave Conference (GeMiC)*, 2015, S. 378–381.

[46] G. Caille, Y. Cailloce, C. Guiraud, D. Auroux, T. Touya und M. Masmousdi, „Large Multibeam Array Antennas with Reduced Number of Active Chains", in *European Conference on Antennas and Propagation (EuCAP)*, 2007, S. 1–9.

[47] G. Toso, P. Angeletti und C. Mangenot, „Multibeam Antennas Based on Phased Arrays: An Overview on Recent ESA Developments", in *European Conference on Antennas and Propagation (EuCAP)*, 2014, S. 178–181.

[48] P. Voisin, A. Barthere, O. Maillet, D. Delmas, S. Vime, B. Charrat und B. Onillon, „Flexible Payloads for Telecommunication Satellites – a Thales Alenia Space perspective", in *ESA Workshop on Advanced Flexible Telecom Payloads*, 2016.

[49] H. Fenech, S. Amos und T. Waterfield, „The Role of Array Antennas in Commercial Telecommunication Satellites", in *European Conference on Antennas and Propagation (EuCAP)*, 2016, S. 1–4.

[50] E. Feltrin, S. Amos, H. Fenech und E. Weller, „Eutelsat QUANTUM-Class Satellite: Beam Hopping", in *ESA Workshop on Advanced Flexible Telecom Payloads*, 2016.

[51] C. Rave und A. F. Jacob, *Active Multi Feed - AMF : Abschlussbericht der Technischen Universität Hamburg-Harburg.* TIB - Technische Informationsbibliothek Universitätsbibliothek Hannover, 2017.

[52] European Telecommunications Standards Institute, *ETSI EN 302 307, Digital Video Broadcasting (DVB) Second Generation Framing Structure, Channel Coding and Modulation Systems for Broadcasting, Interactive Services, News Gathering and other Broadband Satellite Applications (DVB-S2)*, 2009.

[53] N. Amira, A. Shirazi und A. Freedman, „Improvement of DVB-S2 Spectral Efficiency Using Low Roll-Off“, in *IEEE Convention of Electrical & Electronics Engineers in Israel (IEEEI)*, 2014, S. 1–5.

[54] K. El-Abbasy, B. Abdelhamid und S. Elramly, „Performance Evaluation of DVB-S2 and DVB-S2X Systems“, in *IEEE International Conference on Communication, Networks and Satellite (COMNESTAT)*, 2015, S. 115–120.

[55] S. Cioni, R. De Gaudenzi und R. Rinaldo, „Adaptive Coding and Modulation for the Forward Link of Broadband Satellite Networks“, in *IEEE Global Telecommunications Conference (GLOBECOM)*, 2003, S. 3311–3315.

[56] S. L. Kota, K. Pahlavan und P. A. Leppanen, *Broadband Satellite Communications for Internet access.* Kluwer Academic Publ, Boston, 2004.

[57] C. Rave, P. Feuerschütz, S. Samis, D. Schobert, M. Schneider, C. Friesicke, R. Quay, J. Kühn und A. F. Jacob, „A K-Band Multiple-Feed-per-Beam Transmitter with GaN-Power Amplifiers“, in *ESA Workshop on Advanced Flexible Telecom Payloads*, 2016, S. 1–5.

[58] P. Feuerschütz, C. Rave, S. Samis, C. Friesicke, R. Quay, W. Konrath, K. Hirche, D. Schobert, M. Schneider und A. F. Jacob, „Active Multi-Feed Satcom Systems with GaN SSPA at K-Band“, in *German Microwave Conference (GeMiC)*, 2016, S. 31–34.

[59] D. Schobert, E. Reiche, C. Hartwanger, H. Wolf und M. Schneider, „Active Multifeed Reflector Antennas for Reconfigurable Satellite Payloads“, in *ESA Workshop on Advanced Flexible Telecom Payloads*, 2016.

[60] International Telecommunication Union, *ITU-R P.618-10, Propagation Data and Prediction Methods Required for the Design of Earth-Space Telecommunication Systems*, 10/2009.

[61] ——, *ITU-R P.838-3, Specific Attenuation Model for Rain for Use in Prediction Methods*, 2005.

[62] ——, *ITU-R P.837-6, Characteristics of Precipitation for Propagation Modelling*, 2/2012.

[63] ——, *ITU-R P.839-4, Rain Height Model for Prediction Methods*, 9/2013.

[64] T. Iida, *Satellite Communications: System and its Design Technology*, Ser. Wave Summit Course. Ohmsha, Tokyo, 2000.

[65] J. M. Montero, A. M. Ocampo und N. J. G. Fonseca, „C-Band Multiple Beam Antennas for Communication Satellites“, *IEEE Transactions on Antennas and Propagation*, Bd. 63, Nr. 4, S. 1263–1275, 2015.

[66] J. C. Lafond, E. Vourch, F. Delepaux, P. Lepeltier, P. Bosshard, F. Dubos, C. Feat, C. Labourdette, G. Navarre und J. M. Bassaler, „Thales Alenia Space Multiple Beam Antennas for Telecommunication Satellites“, in *European Conference on Antennas and Propagation (EuCAP)*, 2014, S. 186–190.

[67] T. Tomura, M. Takikawa, Y. Inasawa und H. Miyashita, „Trade-off of Multibeam Reflector Antenna Configuration for Satellite Onboard Application“, in *URSI Asia-Pacific Radio Science Conference (URSI AP-RASC)*, 2016, S. 867–868.

[68] P. Angeletti und M. Lisi, „Multimode Beamforming Networks for Space Applications“, *IEEE Antennas and Propagation Magazine*, Bd. 56, Nr. 1, S. 62–78, 2014.

[69] H. Nakagawa, M. Kamei, T. Nomoto, T. Munchiro und T. Kanamoto, „Mini-TWT for Array-Fed Antenna for 21-GHz-Band Broadcasting Satellite“, in *International Vacuum Electronics Conference (IVEC)*, 2003, S. 44–45.

[70] K. Yamagata, S. Tanaka und K. Shogen, „Broadcasting Satellite System Using Onboard Phased Array Antenna in 21-GHz Band“, in *International Vacuum Electronics Conference (IVEC)*, IEEE Service Center, 2007, S. 1–2.

[71] J. Taylor, D. Chan, A. Donald, R. True, V. Vlahos und A. Zubyk, „An 80 Watt Dual Ka/Q-Band Mini-TWT“, in *International Vacuum Electronics Conference (IVEC)*, 2013, S. 1–2.

[72] M. Szymkiewicz, E. Reiche, C. Hartwanger und M. Schneider, *AMF - technischer Abschlussbericht, Airbus Defence & Space*. TIB - Technische Informationsbibliothek Universitätsbibliothek Hannover, 2017.

[73] O. Navasquillo, M. A. Piqueras, T. Mengual, P. Villalba, M. Sotom und C. Caille, „Opto-Microwave, Butler Matrixes based Front-End for a Multi-Beam large Direct Radiating Array Antenna“, in *ESA Workshop on Advanced Flexible Telecom Payloads*, 2016, S. 1–7.

[74] S. Mathew, T. Welker, N. Gutzeit, S. Spira, J. Muller, R. Stephan und M. A. Hein, „Passive Alignment of an Optical Fiber on a Multi-Layer Ceramic Module for Radio-over-Fiber Applications“, in *German Microwave Conference (GeMiC)*, 2016, S. 53–56.

[75] S. Begum, C. Nagaraja und I. Otung, „Analysis of Rain Cell Size Distribution for Application in Site Diversity“, in *European Conference on Antennas and Propagation (EuCAP)*, 2006, S. 1–5.

[76] R. Teschl und F. Teschl, „Rain Cell Size Statistics for Different Altitudes Derived from Weather Radar Measurements“, in *European Conference on Antennas and Propagation (EuCAP)*, 2016, S. 1–5.

[77] J. Lizarraga, P. Angeletti, N. Alagha und M. Aloisio, „Flexibility Performance in Advanced Ka-Band Multibeam Satellites“, in *International Vacuum Electronics Conference (IVEC)*, 2014, S. 45–46.

[78] F. Manshadi und V. Jamnejad, „Technology Challenges and Trade-Offs in Application of Multiple-Beam Antennas to NASA's Personal Access Satellite System“, in *IEEE Aerospace Applications Conference*, 1991, S. 3/1–311.

[79] C. Rave und A. F. Jacob, „Architectures for Efficient Power Sharing in Active Multiple-Feed-per-Beam Satellite Antennas“, in *International Conference on Microwaves, Radar, and Wireless Communications (MIKON)*, 2016, S. 1–4.

[80] J. Anzalchi, A. Couchman, P. Gabellini, G. Gallinaro, L. D'Agristina, N. Alagha und P. Angeletti, „Beam Hopping in Multi-Beam Broadband Satellite Systems: System Simulation and Performance Comparison with Non-Hopped Systems“, in *Advanced Satellite Multimedia Systems Conference and Signal Processing for Space Communications Workshop (ASMS/SPSC)*, 2010, S. 248–255.

[81] S. Egami und M. Kawai, „An Adaptive Multiple Beam System Concept“, *IEEE Journal on Selected Areas in Communications*, Bd. 5, Nr. 4, S. 630–636, 1987.

[82] A. Mallet, A. Anakabe, J. Sombrin und R. Rodriguez, „Multiport-Amplifier-Based Architecture Versus Classical Architecture for Space Telecommunication Payloads“, *IEEE Transactions on Microwave Theory and Techniques*, Bd. 54, Nr. 12, S. 4353–4361, 2006.

[83] H. L. Lee, J.-W. Yu und M.-Q. Lee, „Analysis of Multi-Port Amplifier Calibration for Optimal Magnitude and Phase Error Detection“, *IET Microwaves, Antennas & Propagation*, Bd. 10, Nr. 1, S. 102–110, 2016.

[84] C. Dragone und M. J. Gans, „Imaging Reflector Arrangements to Form a Scanning Beam Using a Small Array“, *Bell System Technical Journal*, Bd. 58, Nr. 2, S. 501–515, 1979.

[85] Y. Cailloce, G. Caille, I. Albert und J. M. Lopez, „A Ka-Band Direct Radiating Array Providing Multiple Beams for a Satellite Multimedia Mission“, in *IEEE International Conference on Phased Array Systems and Technology*, 2000, S. 403–406.

[86] K. Kuang, S. S. Cahill und F. Kim, *RF and Microwave Microelectronics Packaging*. Springer Science+Business Media LLC, Boston, MA, 2010.

[87] D. M. Pozar, *Microwave Engineering*, 3. ed. Wiley, Hoboken, NJ, 2005.

[88] N. Marcuvitz, *Waveguide Handbook*, Ser. IET Electromagnetic Waves Series. IET, London, 1986, Bd. 21.

[89] P. Khan, L. Epp und A. Silva, „Ka-Band Wideband-Gap Solid-State Power Amplifier: General Architecture Considerations“, *Jet Propulsion Lab., California Inst. Technol., Pasadena, CA, USA, The Interplanetary Network Progress Report*, Nr. 42-162, 2005.

[90] M. Ludovico, G. Zarba und L. Accatino, „Multipaction Analysis and Power Handling Evaluation in Waveguide Components for Satellite Antenna Applications“, in *Antennas and Propagation Society International Symposium*, 2001, S. 266–269.

[91] M. Chen und G. Tsandoulas, „A Wide-Band Square-Waveguide Array Polarizer“, *IEEE Transactions on Antennas and Propagation*, Bd. 21, Nr. 3, S. 389–391, 1973.

[92] M. D. Benge, R. C. Huck und H. H. Sigmarsson, „X-band Performance of Three-Dimensional, Selectively Laser Sintered Waveguides“, in *International Symposium on Antennas and Propagation & USNC/URSI National Radio Science Meeting*, 2014, S. 13–14.

[93] M. Szymkiewicz, Y. Konkel, C. Hartwanger und M. Schneider, „Ku-Band Side-arm Orthomode Transducer Manufactured by Additive Layer Manufacturing“, in *European Conference on Antennas and Propagation (EuCAP)*, 2016, S. 1–4.

[94] B. Rohrdantz, C. Rave und A. F. Jacob, „3D Printed Low-Cost, Low-Loss Microwave Components up to 40 GHz“, in *International Microwave Symposium (IMS)*, 2016, S. 1–3.

[95] M. van der Vorst und J. Gumpinger, „Applicability of 3D Printing Techniques for Compact Ku-Band Medium/High-Gain Antennas“, in *European Conference on Antennas and Propagation (EuCAP)*, 2016, S. 1–4.

[96] A. Macor, E. de Rijk, S. Alberti, T. Goodman und J.-P. Ansermet, „Note: Three-Dimensional Stereolithography for Millimeter Wave and Terahertz Applications“, *The Review of Scientific Instruments*, Bd. 83, Nr. 4, 2012.

[97] T. Welker und J. Muller, „Design, Simulation and Fabrication of Liquid Cooled LT-CC Devices Utilizing Integrated Channels“, in *InterSociety Conference on Thermal and Thermomechanical Phenomena in Electronic Systems (ITherm)*, 2016, S. 830–835.

[98] A. Isapour und A. B. Kouki, „Empty LTCC Integrated Waveguide with Compact Transitions for Ultra-low Loss Millimeter-wave Applications“, *IEEE Microwave and Wireless Components Letters*, S. 1–3, 2017.

[99] T. Baras, *Systematische Mehrlagen-Integration hybrider Hochfrequenzschaltungen.* Cuvillier, Göttingen, 2010.

[100] A. Friedrich, B. Geck, M. Fengler und A. Fischer, „24 GHz Dielectric Filled Waveguide Fed Horn Antenna using 3D-LDS MID Technology“, in *European Microwave Conference (EuMC)*, 2016, S. 739–742.

[101] W. J. Greig, *Integrated Circuit Packaging, Assembly and Interconnections.* Springer Science+Business Media LLC, Boston, MA, 2007.

[102] J.-S. Hong, *Microstrip Filters for RF/Microwave Applications*, 2nd ed., Ser. Wiley Series in Microwave and Optical Engineering. Wiley, Hoboken, N.J, 2011.

[103] I. Wolff, *Einführung in die Mikrostrip-Leitungstechnik: Teil 1: Die Leitungen ; Teil 2: Technologie und Bauelemente*, 3. Aufl. H. Wolff, Aachen, 1978.

[104] D. C. Thompson, O. Tantot, H. Jallageas, G. E. Ponchak, M. M. Tentzeris und J. Papapolymerou, „Characterization of Liquid Crystal Polymer (LCP) Material and Transmission Lines on LCP Substrates From 30 to 110 GHz“, *Transactions on Microwave Theory and Techniques*, Bd. 52, Nr. 4, S. 1343–1352, 2004.

[105] P. Wilson, *The Circuit Designer's Companion.* Newnes, Oxford, 2012.

[106] O. Klemp, M. Hueske, I. Rolfes und H. Eul, „On the Application of a Novel Laser-Based Rapid Prototyping Process for Planar Antenna Elements“, in *European Microwave Conference (EuMC)*, 2006, S. 878–881.

[107] A. Bauer, J. Jakob, R. Gmiha, D. Hageneder und W. Bogner, „Embedded Resistors for Microwave Applications up to 50 GHz on Printed Circuit Boards“, in *European Microwave Conference (EuMC)*, 2013, S. 1183–1186.

[108] X. Guo, Z. Yu, L. Cao, Y. Song, Y. Sun, Z. Fang, H. Hao und G. Ding, „Multilayer Chip Embedded Based on the Organic Substrate“, in *International Conference on Electronic Packaging Technology (ICEPT)*, 2014, S. 66–69.

[109] D. C. Thompson, M. M. Tentzeris und J. Papapolymerou, „Packaging of MMICs in Multilayer LCP Substrates“, *IEEE Microwave and Wireless Components Letters*, Bd. 16, Nr. 7, S. 410–412, 2006.

[110] C. Chen und A.-V. Pham, „K-Band Near-Hermetic Surface Mount Package using Liquid Crystal Polymer for High Power Applications“, in *International Microwave Symposium (IMS)*, 2010, S. 1280–1283.

[111] L. J. Golonka, „New Application of LTCC Technology“, in *International Spring Seminar on Electronics Technology: Meeting the Challenges of Electronics Technology Progress*, 2005, S. 162–166.

[112] J. Muller, R. Perrone, H. Thust, K.-h. Drue, C. Kutscher, R. Stephan, J. Trabert, M. Hein, D. Schwanke, J. Pohlner, G. Reppe, R. Kulke, P. Uhlig, A. F. Jacob, T. Baras und A. Molke, „Technology Benchmarking of High Resolution Structures on LTCC for Microwave Circuits“, in *Electronics Systemintegration Technology Conference*, 2006, S. 111–117.

[113] Y.-S. Lin, C.-C. Liu, K.-M. Li und C. H. Chen, „Design of an LTCC Tri-Band Transceiver Module for GPRS Mobile Applications“, *IEEE Transactions on Microwave Theory and Techniques*, Bd. 52, Nr. 12, S. 2718–2724, 2004.

[114] K.-L. Wu und Y. Huang, „LTCC Technology and its Applications in High Frequency Front End Modules“, in *International Symposium on Antennas, Propagation and EM Theory*, 2003, S. 730–734.

[115] L. J. Golonka, „Technology and Applications of Low Temperature Cofired Ceramic (LTCC) Based Sensors and Microsystems“, *Bull Polish Acad Sci Tech Sci*, Bd. 54, Nr. 2, 2006.

[116] Y. Fournier, A. Barras, G. B. Rouelle, T. Maeder und P. Ryser, „SMD Pressure and Flow Sensors for Industrial Compressed Air in LTCC Technology“, in *European Microelectronics and Packaging Conference (EMPC)*, 2009, S. 1–7.

[117] H. Klumbies, U. Partsch, A. Goldberg, S. Gebhardt, U. Keitel und H. Neubert, „Actuators to be Integrated in Low Temperature Cofired Ceramics (LTCC) Microfluidic Systems“, in *International Spring Seminar on Electronics Technology (ISSE)*, 2009, S. 1–4.

[118] M. Hrovat, D. Belavic, K. Makarovic und J. Holc, „Thick-Film Piezoresistors - Benchmarking of LTCC Substrates“, in *International Spring Seminar on Electronics Technology (ISSE)*, 2012, S. 434–438.

[119] F. K. H. Gellersen und A. F. Jacob, „A Sol-Gel Approach for Self-Biased Barium Hexaferrite Thin-Film Circulators“, in *European Microwave Conference (EuMC)*, 2016, S. 361–364.

[120] S. Humbla, K. H. Druee, R. Stephan, D. Stoepel, J. F. Trabert, G. Vogt und M. A. Hein, „Qualification of a Compact Ka-Band Switch Matrix for On-Orbit-Verification“, in *German Microwave Conference (GeMiC)*, 2008, S. 1–4.

[121] D. Schwanke, *KERAMIS - Abschlussbericht.* TIB - Technische Informationsbibliothek Universitätsbibliothek Hannover, Berg, 2007.

[122] R. Quay, *Gallium Nitride Electronics*, Ser. Springer Series in Materials Science. Springer, Berlin, 2008, Bd. 96.

[123] C. Negrea und P. Svasta, „Modeling of Thermal Via Heat Transfer Performance for Power Electronics Cooling“, in *International Symposium for Design and Technology in Electronic Packaging (SIITME)*, 2011, S. 107–110.

[124] S. H. Choi, U. N. Singh und A. D. Cutler, „Development of Hot Diodes with new Thermal Dissipating Submount for Space Applications“, in *The Pacific Rim Conference on Lasers and Electro-Optics*, IEEE Service Center, 1999, S. 541–542.

[125] R. Garg, I. Bahl und M. Bozzi, *Microstrip Lines and Slotlines*, 3. Aufl., Ser. Artech House microwave library. Artech House, Boston, Mass., 2013.

[126] D. Deslandes und K. Wu, „Integrated Microstrip and Rectangular Waveguide in Planar Form“, *IEEE Microwave and Wireless Components Letters*, Bd. 11, Nr. 2, S. 68–70, 2001.

[127] K. Kuhlmann, K. Rezer und A. F. Jacob, „Far Field Measurement on Ka-Band Substrate-Integrated Waveguide Antenna Array with Polarization Multiplexing“, in *International Microwave Symposium (IMS)*, 2008, S. 1337–1340.

[128] N. Haase und A. F. Jacob, „Resonant Substrate-Integrated Near-Field Sensors with Improved Sensitivity“, in *European Microwave Conference (EuMC)*, 2013, S. 1439–1442.

[129] S. S. Sabri, B. H. Ahmad und A. R. B. Othman, „A Review of Substrate Integrated Waveguide (SIW) Bandpass Filter based on Different Method and Design“, in *Asia-Pacific Conference on Applied Electromagnetics (APACE)*, 2012, S. 210–215.

[130] W. M. Abdel-Wahab und S. Safavi-Naeini, „Low loss Double-Layer Substrate Integrated Waveguide-Hybrid Branch Line Coupler for mm-Wave Antenna Arrays“, in *Antennas and Propagation Society International Symposium and USNC/URSI National Radio Science Meeting*, 2011, S. 2074–2076.

[131] W. M. A. Wahab, D. Busuioc und S. Safavi-Naeini, „A Substrate-Integrated- Waveguide (SIW) Quadrature Hybrid-Junction for Low Cost Millimeter-Wave Planar Antenna Array“, in *International Symposium on Antennas and Propagation and CNC-USNC/ URSI Radio Science Meeting*, 2010, S. 1–4.

[132] C. Rave und A. F. Jacob, „A Substrate Integrated Matched Load with Embedded Resistive Thick Film“, in *International Microwave Symposium (IMS)*, 2016, S. 1–3.

[133] C. Gu, H. Chen, Q. Li, K. Wu und W. Che, „Substrate-Integrated Waveguide Matching Terminations with Microwave Absorbing Material“, *Electronics Letters*, Bd. 50, Nr. 17, S. 1216–1218, 2014.

[134] H. Uchida, M. Nakayama, A. Inoue und Y. Hirano, „A Post-Wall Waveguide (SIW) Matched Load with Thin-Film Resistor“, in *Asia Pacific Microwave Conference (APMC)*, 2010, S. 1597–1600.

[135] D. Deslandes und K. Wu, „Accurate Modeling, Wave Mechanisms, and Design Considerations of a Substrate Integrated Waveguide“, *IEEE Transactions on Microwave Theory and Techniques*, Bd. 54, Nr. 6, S. 2516–2526, 2006.

[136] M. Pasian, M. Bozzi und L. Perregrini, „A Formula for Radiation Loss in Substrate Integrated Waveguide“, *IEEE Transactions on Microwave Theory and Techniques*, Bd. 62, Nr. 10, S. 2205–2213, 2014.

[137] ——, „Crosstalk in Substrate Integrated Waveguides“, *IEEE Transactions on Electromagnetic Compatibility*, Bd. 57, Nr. 1, S. 80–86, 2015.

[138] S.-W. Dong, Y. Chang und W. Che, „Studies on Average Power Handling Capacity of SIW with Heat Transfer Theory“, in *International Conference on Microwave and Millimeter Wave Technology (ICMMT)*, 2012, S. 1–4.

[139] H. Zhang und W. Hong, „A Wire Bonding Structure Directly Based on Substrate Integrated Waveguide Technology“, *IEEE Microwave and Wireless Components Letters*, Bd. 24, Nr. 11, S. 757–759, 2014.

[140] D. Deslandes, „Design Equations for Tapered Microstrip-to-Substrate Integrated Waveguide Transitions“, in *International Microwave Symposium (IMS)*, 2010, S. 704–707.

[141] F. Taringou, T. Weiland und J. Bornemann, „Broadband Design of Substrate Integrated Waveguide to Stripline Interconnect“, in *International Conference on Numerical Electromagnetic Modeling and Optimization for RF, Microwave, and Terahertz Applications (NEMO)*, 2014, S. 1–4.

[142] X.-P. Chen und K. Wu, „Low-Loss Ultra-Wideband Transition between Conductor-Backed Coplanar Waveguide and Substrate Integrated Waveguide“, in *International Microwave Symposium (IMS)*, 2009, S. 349–352.

[143] E. Moldovan, R. G. Bosisio und Ke Wu, „W-band Multiport Substrate-Integrated Waveguide Circuits“, *IEEE Transactions on Microwave Theory and Techniques*, Bd. 54, Nr. 2, S. 625–632, 2006.

[144] L. Li, X. Chen, R. Khazaka und K. Wu, „A Transition from Substrate Integrated Waveguide (SIW) to Rectangular Waveguide“, in *Asia Pacific Microwave Conference (APMC)*, 2009, S. 2605–2608.

[145] C. L. Zhong, J. Xu, Z. Y. Zhi und C. X. Jin, „Broadband Substrate Integrated Waveguide to Rectangular Waveguide Transition with Fin-Line“, *Electronics Letters*, Bd. 45, Nr. 4, S. 205, 2009.

[146] X. Huang und K.-L. Wu, „A Ka-Band Broadband Integrated Transition of Air-Filled Waveguide to Laminated Waveguide“, *IEEE Microwave and Wireless Components Letters*, Bd. 22, Nr. 10, S. 515–517, 2012.

[147] T. Hirano, A. Shibuya, T. Kawabata, M. Kido, K. Yamada, K. Seino, A. Ichikawa und A. Kamikokura, „70W C-Band GaN Solid State Power Amplifier for Satellite Use“, in *Asia Pacific Microwave Conference (APMC)*, 2014, S. 783–785.

[148] N. Ayllon, „Microwave High Power Amplifier Technologies for Space-Borne Applications“, in *Annual Wireless and Microwave Technology Conference (WAMICON)*, 2015, S. 1–4.

[149] R. J. Barker, *Modern Microwave and Millimeter-Wave Power Electronics.* IEEE Press und Wiley-Interscience, Hoboken N.J., 2005.

[150] E. F. Nicol, B. J. Mangus, J. R. Grebliunas, K. Woolrich und J. R. Schirmer, „TWTA versus SSPA: A Comparison Update of the Boeing Satellite Fleet On-Orbit Reliability“, in *International Vacuum Electronics Conference (IVEC)*, 2013, S. 1–2.

[151] C. Friesicke, P. Feuerschutz, R. Quay, O. Ambacher und A. F. Jacob, „A 40 dBm AlGaN/GaN HEMT Power Amplifier MMIC for SatCom Applications at K-Band“, in *International Microwave Symposium (IMS)*, 2016, S. 1–4.

[152] C. Friesicke, J. Kühn, P. Bruckner, R. Quay und A. F. Jacob, „An Efficient AlGaN/GaN HEMT Power Amplifier MMIC at K-Band“, in *European Microwave Integrated Circuits Conference (EuMIC)*, 2012, S. 131–134.

[153] C. Friesicke, R. Quay, B. Rohrdantz und A. F. Jacob, „A Linear 4W Power Amplifier at K-Band using 250nm AlGaN/GaN HEMTs“, in *European Microwave Integrated Circuits Conference (EuMIC)*, 2013, S. 157–160.

[154] P. Waltereit, J. Kühn, R. Quay, F. van Raay, M. Dammann, M. Cäsar, S. Müller, M. Mikulla, O. Ambacher, J. Lätti, M. Rostewitz, K. Hirche und J. Däubler, „High Efficiency X-Band AlGaN/GaN MMICs for Space Applications with Lifetimes Above 10^5 Hours“, in *European Microwave Integrated Circuits Conference (EuMIC)*, 2012, S. 123–126.

[155] B. D. Dunn, *Materials and Processes for Spacecraft and High Reliability Applications*, Ser. Springer Praxis Books, Astronautical engineering. Springer, Cham, 2016.

[156] C. Günner, J. Kassner und R. Kulke, „Reconfigurable Active Feeding Network for Multiple Feed per Beam Ka-Band-Antennas in LTCC-Technique“, in *ESA Workshop on Advanced Flexible Telecom Payloads*, 2016.

[157] S. Spira, M. Schneider, T. Welker, J. Muller und M. A. Hein, „Compact Three-Dimensional Four-Way Vectorial Steering Module for Ka-Band Multiple Feeds-per-Beam Satellite Payload Applications“, in *International Microwave Symposium (IMS)*, 2016, S. 1–4.

[158] A. Stark, *Ein Beitrag zur Skalierbarkeit von Empfangsantennen für die mobile Satellitenkommunikation.* mvb - Mensch und Buch Verl., Berlin, 2013.

[159] J. Meseguer, I. Pérez-Grande und A. Sanz-Andrés, *Spacecraft Thermal Control*, Ser. Woodhead Publishing in mechanical engineering. Woodhead Pub, Cambridge und Philadelphia, 2012.

[160] D. G. Gilmore, Hrsg., *Spacecraft Thermal Control Handbook*, 2. Aufl. Aerospace Press, El Segundo, Ca, 2002.

[161] J. W. May und G. M. Rebeiz, „A 30-40 GHz 1:16 Internally Matched SiGe Active Power Divider for Phased Array Transmitters“, in *Custom Integrated Circuits Conference*, 2007, S. 765–768.

[162] P. Khan, L. Epp und A. Silva, „Ka-Band Wideband-Gap Solid-State Power Amplifier: Architecture Identification“, *Jet Propulsion Lab., California Inst. Technol., Pasadena, CA, USA, The Interplanetary Network Progress Report*, Nr. 42-162, 2005.

[163] J.-P. Sommer, C. Günner, P. Uhlig, R. Kulke und B. Michel, „Design of Low Loss Beam Forming Networks - supported by numerical simulations and material characterisation“, in *High Density Packaging (ICEPT-HDP)*, 2010, S. 65–70.

[164] T. Klein, J. Kassner, R. Kulke, C. Günner und H. Wolf, „Extendable Ka-Band Power-Divider Module in LTCC Technology“, in *Asia Pacific Microwave Conference (APMC)*, 2010, S. 1264–1267.

[165] T. Klein, C. Günner, J. Kassner, R. Kulke und H. Wolf, „Multiple Feed per Beam Networks for Ka-Band Satellite Communication Systems in LTCC Technology“, in *International Microwave Symposium (IMS)*, 2011, S. 1–4.

[166] H.-Y. Jin, G.-J. Wen und Y.-B. Jin, „A Novel Spatial Power Combiner Based on SIW and HMSIW", in *International Microwave Workshop Series on Art of Miniaturizing RF and Microwave Passive Components (IMWS)*, 2008, S. 233–236.

[167] L. Boccia, A. Emanuele, E. Arnieri, A. Shamsafar und G. Amendola, „Substrate Integrated Power Combiners", in *European Conference on Antennas and Propagation (EuCAP)*, 2012, S. 3631–3634.

[168] M. E. Bialkowski und V. P. Waris, „Analysis of an N-way Radial Cavity Divider with a Coaxial Central Port and Waveguide Output Ports", *IEEE Transactions on Microwave Theory and Techniques*, Bd. 44, Nr. 11, S. 2010–2016, 1996.

[169] J. M. Denoual, A. Peden, B. Della und J.-P. Fraysse, „16-Way Radial Divider/Combiner for Solid State Power Amplifiers in the K Band", in *European Microwave Conference (EuMC)*, 2008, S. 345–348.

[170] K. Song, Y. Fan und Y. Zhang, „Eight-Way Substrate Integrated Waveguide Power Divider With Low Insertion Loss", *IEEE Transactions on Microwave Theory and Techniques*, Bd. 56, Nr. 6, S. 1473–1477, 2008.

[171] K. Song, Y. Fan und Y. Zhang, „Radial Cavity Power Divider Based on Substrate Integrated Waveguide Technology", *Electronics Letters*, Bd. 42, Nr. 19, S. 1100, 2006.

[172] C. Rave und A. F. Jacob, „A Wideband Radial Substrate Integrated Power Divider at K-Band", in *German Microwave Conference (GeMiC)*, 2015, S. 84–87.

[173] S. Germain, D. Deslandes und K. Wu, „Development of Substrate Integrated Waveguide Power Dividers", in *Canadian Conference on Electrical and Computer Engineering (CCECE)*, 2003, S. 1921–1924.

[174] D. Eom, J. Byun und H.-Y. Lee, „Multi-Layer Four-Way Out-of-Phase Power Divider for Substrate Integrated Waveguide Applications", in *International Microwave Symposium (IMS)*, 2009, S. 477–480.

[175] D.-S. Eom, J. Byun und H.-Y. Lee, „Multilayer Substrate Integrated Waveguide Four-Way Out-of-Phase Power Divider", *IEEE Transactions on Microwave Theory and Techniques*, Bd. 57, Nr. 12, S. 3469–3476, 2009.

[176] T. Djerafi, D. Hammou, K. Wu und S. O. Tatu, „Ring-Shaped Substrate Integrated Waveguide Wilkinson Power Dividers/Combiners“, *IEEE Transactions on Components, Packaging and Manufacturing Technology*, Bd. 4, Nr. 9, S. 1461–1469, 2014.

[177] Z.-Y. Zhang und K. Wu, „Broadband Half-Mode Substrate Integrated Waveguide (HMSIW) Wilkinson Power Divider“, in *International Microwave Symposium (IMS)*, 2008, S. 879–882.

[178] K. Kim, J. Byun und H.-Y. Lee, „Substrate Integrated Waveguide Wilkinson Power Divider with Improved Isolation Performance“, *Progress In Electromagnetics Research Letters*, Bd. 19, S. 41–48, 2010.

[179] N. A. Smith und R. Abhari, „Compact Substrate Integrated Waveguide Wilkinson Power Dividers“, in *Antennas and Propagation Society International Symposium (APSURSI)*, 2009, S. 1–4.

[180] F. Takeda, O. lshida und Y. Isoda, „Waveguide Power Divider Using Metallic Septum with Resistive Coupling Slot“, in *International Microwave Symposium (IMS)*, 1982, S. 527–528.

[181] L. W. Epp, D. J. Hoppe, A. R. Khan und S. L. Stride, „A High-Power Ka-Band (31–36 GHz) Solid-State Amplifier Based on Low-Loss Corporate Waveguide Combining“, *IEEE Transactions on Microwave Theory and Techniques*, Bd. 56, Nr. 8, S. 1899–1908, 2008.

[182] C. Rave und A. F. Jacob, „A Multilayer Substrate Integrated 3 dB Power Divider with Embedded Thick Film Resistor“, in *European Microwave Conference (EuMC)*, 2015, S. 482–485.

[183] M. Pasian, L. Silvestri, M. Bozzi, L. Perregrini und K. K. Samanta, „E-Plane 3-dB power Divider/Combiner in Substrate Integrated Waveguide Technology“, in *European Microwave Conference (EuMC)*, 2015, S. 478–481.

[184] M. Pasian, L. Silvestri, C. Rave, M. Bozzi, L. Perregrini, A. F. Jacob und K. K. Samanta, „Substrate-Integrated-Waveguide E-Plane 3-dB Power - Divider / Combiner Based on Resistive Layers“, *IEEE Transactions on Microwave Theory and Techniques*, Bd. 65, Nr. 5, S. 1498–1510, 2017.

[185] C. Peixeiro, J. R. Mosig, R. Głogowski und J.-F. Zürcher, „Broadband Ka-Band Rectangular Waveguide to Substrate Integrated Waveguide Transition“, *Electronics Letters*, Bd. 49, Nr. 9, S. 602–604, 2013.

[186] W. Dou und T. Li, „Broadband Right-Angle Transition from Substrate-Integrated Waveguide to Rectangular Waveguide“, *Electronics Letters*, Bd. 50, Nr. 19, S. 1355–1356, 2014.

[187] L. Xia, R. Xu, B. Yan, J. Li, Y. Guo und J. Wang, „Broadband Transition Between Air-Filled Waveguide and Substrate Integrated Waveguide“, *Electronics Letters*, Bd. 42, Nr. 24, S. 1403, 2006.

[188] H. Jin, W. Chen und G. Wen, „Broadband Transition Between Waveguide and Substrate Integrated Waveguide Based on Quasi-Yagi Antenna“, *Electronics Letters*, Bd. 48, Nr. 7, S. 355, 2012.

[189] D. Dousset, K. Wu und S. Claude, „Millimetre-Wave Broadband Transition of Substrate-Integrated Waveguide to Rectangular Waveguide“, *Electronics Letters*, Bd. 46, Nr. 24, S. 1610, 2010.

[190] J. L. Cano, A. Mediavilla und A. R. Perez, „Full-Band Air-Filled Waveguide-to-Substrate Integrated Waveguide (SIW) Direct Transition“, *IEEE Microwave and Wireless Components Letters*, Bd. 25, Nr. 2, S. 79–81, 2015.

[191] T. Djerafi, A. Ghiotto und K. Wu, „Antipodal Fin-Line Waveguide to Substrate Integrated Waveguide Transition“, in *International Microwave Symposium (IMS)*, 2012, S. 1–3.

[192] J. Li, G. Wen und F. Xiao, „Broadband Transition between Rectangular Waveguide and Substrate Integrated Waveguide“, *Electronics Letters*, Bd. 46, Nr. 3, S. 218, 2010.

[193] C. Rave und A. F. Jacob, „A Design Approach for Tapered Waveguide to Substrate-Integrated Waveguide Transitions“, *IEEE Transactions on Microwave Theory and Techniques*, Bd. 64, Nr. 8, S. 2502–2510, 2016.

[194] R. E. Collin, *Foundations for Microwave Engineering*, 2. Aufl., Ser. IEEE Press. IEEE Press, New York, 2001.

[195] R. Vahldieck, „Accurate Hybrid-Mode Finline Configurations Including Analysis of Various Multilayered Dielectrics, Finite Metallization Thickness, and Substrate Holding Grooves“, *IEEE Transactions on Microwave Theory and Techniques*, Bd. 32, Nr. 11, S. 1454–1460, 1984.

[196] A. M. K. Saad, „Analysis of Fin-Line Tapers and Transitions“, *IEE Proceedings H - Microwaves, Optics and Antennas*, Bd. 130, Nr. 3, S. 230, 1983.

[197] P. Jia, L.-Y. Chen, N.-S. Cheng und R. A. York, „Design of Waveguide Finline Arrays for Spatial Power Combining“, *IEEE Transactions on Microwave Theory and Techniques*, Bd. 49, Nr. 4, S. 609–614, 2001.

[198] C. Schieblich, J. K. Piotrowski und J. H. Hinken, „Synthesis of Optimum Finline Tapers Using Dispersion Formulas for Arbitrary Slot Widths and Locations“, *IEEE Transactions on Microwave Theory and Techniques*, Bd. 32, Nr. 12, S. 1638–1645, 1984.

[199] F. Arndt und G. U. Paul, „The Reflection Definition of the Characteristic Impedance of Microstrips“, *IEEE Transactions on Microwave Theory and Techniques*, Bd. 27, Nr. 8, S. 724–731, 1979.

[200] A. M. K. Saad und K. Schünemann, „Characteristic Impedance of Fin-Lines“, in *European Microwave Conference (EuMC)*, 1982, S. 675–680.

[201] M. Mach und J. Muller, „Thermal Design Considerations on Wire-Bond Packages“, in *European Microelectronics and Packaging Conference*, 2009, S. 1–7.

[202] T. Baras, M. Hernandez und A. Jacob, „Electrical and Thermomechanical Evaluation of 2nd-Level-Interconnects for LTCC Modules“, in *International Symposium on Microelectronics And Packaging (IMAPS)*, 2006, S. 1140–1145.

Lebenslauf

Name	Rave
Vorname	Christian
Geburtsdatum	11.12.1987
Geburtsort, -land	Henstedt-Ulzburg, Deutschland
09.1994-07.1998	Grundschule Vizelinstraße in Hamburg
09.1998-07.2007	Gymnasium Kaiser-Friedrich-Ufer in Hamburg
09.2007-10.2010	Studium der Elektrotechnik an der Technischen Universität Hamburg-Harburg in Hamburg Abschluss: Bachelor of Science
10.2010-10.2012	Studium der Elektrotechnik an der Technischen Universität Hamburg-Harburg in Hamburg Abschluss: Master of Science
11.2012-02.2017	Wissenschaftlicher Mitarbeiter am Institut für Hochfrequenztechnik der Technischen Universität Hamburg-Harburg in Hamburg
03.2017-heute	Entwicklungsingenieur bei Nordex Energy in Hamburg